Gottlieb Friedrich Roesler

Beiträge zur Naturgeschichte des Herzogthums Wirtemberg

Nach der Ordnung und den Gegenden der dasselbe durchströhmenden Flüße

Gottlieb Friedrich Roesler

Beiträge zur Naturgeschichte des Herzogthums Wirtemberg
Nach der Ordnung und den Gegenden der dasselbe durchströhmenden Flüße

ISBN/EAN: 9783743477209

Hergestellt in Europa, USA, Kanada, Australien, Japan

Cover: Foto ©berggeist007 / pixelio.de

Weitere Bücher finden Sie auf **www.hansebooks.com**

Gottlieb Friedrich Röslers

gew. Prof. der Math. und Phys.

Beyträge

zur

Naturgeschichte

des

Herzogthums Wirtemberg.

Nach der Ordnung und den Gegenden der
daselbe durchströmenden Flüsse.

Herausgegeben

von

Philipp Heinrich Hopf,

Prof. der Math. und Phys. am Gymnasio illustri
zu Stuttgart.

Drittes Heft.

Tübingen,
in der Cottaischen Buchhandlung 1791.

Vorrede des Herausgebers.

Das Publikum erhält hier das dritte Heft dieser Beyträge, so wie solches, bis auf einige unbedeutende Zusätze, von dem seel. Verfasser selbst noch abgefaßt worden. Sein unermüdeter Fleiß, und seine gemeinnützige Thätigkeit, bey einem durch langwührige Krankheit so sehr geschwächten Körper, ist auch aus diesem, wie aus den vorhergehenden Heften, sichtbar; und das Verdienst, zuerst den Grund zu einer allgemeinen natürlichen und technologischen Beschreibung Wirtembergs gelegt zu haben, müßte allein schon jedem Freunde nützlicher Kentniß auf immer seinen Namen achtungswürdig machen. Er beschloß seine thätige Laufbahn den 12 Dec. vorigen Jahres, und hinterließ noch manche schäzbare Bruchstücke zur Fortsetzung dieses Werkes, die ich bey derselben benutzen, und mit seinem Namen bezeichnen werde.

Diese Fortsetzung hatte ich gleich bey dem Anfange des Werks, auf den nun eingetrettenen Fall, mit ihme verabredet, und werde solche im Wesentlichen nach dem Plane desselben nun auszuführen suchen. Dem zufolge bleibt zwar alles, was der eigentlichen Naturgeschichte dieses Landes angehört,

* 2

hört,

hört, immer mit ein vorzüglicher Gegenstand dieser
Beyträge. Uebrigens glaubt der Fortsetzer, sowohl
seiner eigenen Ueberzeugung als dem Wunsche vieler
Männer von Einsicht gemäß, diesen Plan mit besonderer Aufmerksamkeit auch darinn vor Augen haben
zu müssen, daß er sich nicht erlauben wird, den
technologischen oder oekonomischen Theil desselben
einzuschränken, eher aber ihn auszudehnen. Wo
sich daher eine Gegend durch etwas eigenes oder für
andere lehrreiches in Landwirthschaft, Gewerb-
samkeit, Bevölkerung, Sitten und Charakter,
Wohlstand oder Armuth auszeichnet, wird man
suchen ausführliche und genaue Schilderungen davon
mit sorgfältiger Entwiklung der lokalen einwirkenden
Ursachen beyzubringen, und dadurch diese Samm-
lungen dem einheimischen sowohl als ausländischen
Haus- Land- und Staatswirthe immer nützlicher
zu machen.

Uebrigens wiederhole ich auch hier die Bitte
an alle Freunde und Gönner um gefällige, zu obigem
Zwecke dienliche, Beyträge, und werde nicht unter-
lassen, ihre Namen mit Dankbarkeit dem Publikum
zu nennen.

Stuttgart, den 6ten April.
1791.

P. H. Hopf,
Prof.

Innhalt.

Innhalt.

———

Innhalt.

Die Alp,

vornemlich

Uracher Ober-Amts.

Die Nördliche Alp

vornemlich die zum Oberamt Urach gehörige
Strecke.

Die Schwäbischen Alpen, davon die Wirtembergischen
einen ansehnlichen Theil ausmachen, sind ein fortgesetztes Ge-
rippe der Schweizer Gebirge, welches sich von Westen gegen
Osten in eine Länge von 12 bis 13 Meilen und in ungleicher
Breite von 2 bis 4 Meilen bis in die Herrschaft Heydenheim
erstrecket, wo diese Berglette nach und nach niedergedrükt wird.
Oestlich begreift sie zwischen der Brenz und Filß die etwas ge-
mässigtere Gegend des Aalbuchs, und ziehet sich dorten mit
zunehmender Gebirgshöhe vermittelst der Bildung des Lonthals
und Blauthals bey Blaubeuren und Ulm südöstlich nahe an
der Donau vorbey. Hier enthält sie das Hochsträß, eine schon
viel rauhere Landes-Strecke. Auf diese aber folget westlicher
das Haart zwischen dem Städtchen Münsingen und der Uracher Oberamts Orten Böringen, Zainingen, Feldstätten,
und Ennabeuren, welches zugleich mit noch weiteren westlicher
gegen dem Fürstenbergischen gelegenen Ortschaften mit allem
Recht die Gegend auf der Rauhen Alp genennt wird, und
das kälteste und unglücklichste Klima weit und breit umher hat.
Hier ströhmet nördlich aus dem Fuß der Alpen die Erms und
Echaz, die in den Neckar fliessen, so wie sie südlich die Lauter, und so fort die Lauchart in die Donau abgibt. Und
von dieser sogenannten Rauhen Alp, einer Nachbarin der bisher von uns betrachteten Gegenden ist uns gegenwärtig die Rede; von jenen anderen an die Lauter und Filß nördlich, und
an die Brenz, Blau, Lauter, Lauchart, und anderes Do-

nau-

nau-Gebiet südlich gränzenden Alpgegenden werden wir in
der Ordnung jener Flüsse handlen. Uebrigens strecket sich die
nördliche Alp westlich bis an das Schloß Albek bey Sulz,
wo sie nur durch den Neckar von dem Schwarzwald ge-
trennet wird: Die südliche Alp senket sich westlich in dem
Fürstenbergischen, Zwifaltischen und vielerley Freyherrlichen
Herrschaften allmählig gegen die Donau, und gränzet an das
Hohenbergische Gebirge, den weitläufigen Zeuberg, durch
den sie sofort mit den Schweizeralpen zusammenhänget. Die
Benennung der vorderen und hinteren Alp ist zwar bekannt
und gewöhnlich genug; allein selbst den Alpenbewohnern ein
äusserst unbestimmter Ausdruck: so heissen die Aelpler um Münsingen die Gegend gegen Blaubeuren zu die hintere Alp,
und die Blaubeurer heissen jene wieder die hintere Aelpler,
und jene bey Heydenheim, auch bey Laichingen die vordere
Aelpler. Am vernünftigsten wikkeln sich diejenige aus der Ver-
wirrung, welche das Ermsthal zur Gränze sezen, und was
sodann östlich ligt, die vordere Alp nennen, was aber südlich
ist, die hintere Alp. Dennoch gehörten von unserer vorha-
benden Strecke zur vorderen Alp aus dem Uracher Oberamt:
Laichingen, ein Marktflecken, mit Stattgerechtigkeit, sodann
das Haardt mit Feldstetten, Sontheim, Ennabeuren,
(Münsinger Oberamts ein paritätischer mit Fürstenbergischen
Unterthanen vermischter Freyflecken) ferner Zainingen, Böringen mit Strohweiler, dem Hof; Aglinshart und Bürg-
stall, Sperbers-Ek, Donnstetten: sodann westlicher,
Gruorn mit Trailfingen, Uhenhof nach Seeburg gehörig,
Zengen, Wittlingen mit dem Burgstall Wittlingen, wie
auch die Burgstätte Bald-Ek und Seeburg. Ferner Neuf-
fer

fer Oberamts Grabenstetten mit dem Burgstall Hofen, Erkebrechtsweiler mit der Vestung Hohen-Neuffen, endlich Hülben ein Filial von Dettingen Uracher Oberamts. Sodann zur hinteren Alp: Uracher Oberamts, Upfingen mit Sirchingen, Wirtingen mit Blaichstetten, dem Kutschenhof, Rauhen S. Johann, Ohnastetten, Gächingen mit Consingen, Rietheim ein Filial von Seeburg, Steingebronn mit Döttingen, Gomadingen mit dem ehemaligen Frauenkloster Offenhausen, Bernloch mit Meidelstetten, Kohlstetten mit Klein-Engstingen, Undingen ein Filial von Genkingen, Willmandingen, Erpfingen; sodann Pfullinger Oberamt Holzelfingen, Groß-Engstingen, Genkingen, und Ueberberg (ein Hof.) Die Burgstätte Hohen-Urach, Achalm, Greiffenstein, Stahl-Ek, Lichtenstein. ꝛc. Endlich Münsingen mit Gravonek und seinem weiteren Oberamt, wovon jedoch das mehrere bey dem Gebiete der in die Donau fliessenden Lauter vorkommen wird.

Der Trauf der Alpberge, wo sie sich spalten, und tieffen Thälern zwischen sich Plaz geben, ist auf 10 und mehr oder weniger Ellen von aller Damm-Erde abgewaschen; da stehen dann nach der ganzen Länge der Thäler, rechts und links, hohe, steile, kahle, meist senkrechte Felsen, die ihnen ein fürchterlich schönes Ansehen geben. Diese Thäler haben bald mehr bald weniger merkliche Krümmungen, nach Art der Flußbetter; und durchaus correspondirende ein- und auswärts gehende Winkel. Von jenen Felsen ziehet sich bis in die Ebene der Thäler eine meistens sehr steil abfallende Damm-oder Staub-Erde herab, die an manchen Orten von oben bis unten mit mehr oder weniger grobem Berggließ belegt ist. Hie und da
gehen

gehen mitten aus dieser Damm-Erde die gröſten Felſenmaſſen
zu Tage aus. Der Grund der Thäler iſt oberhalb gewöhnliche Staub-Erde, und unter dieſer ligt alsdann entweder nichts
als Bergkieß, oder Tauchſtein, der auf mehrere Lachter ſich
abteuft, oder nur Tauchſtein-Sand. Auf der Ebene der Alpen,
(Wenn man es anders eine Ebene nennen darf, denn ſie iſt
ſchlechterdings durchaus höckericht und hat Hügel an und auf
Hügeln, kommen neben dieſem noch ſehr hohe Berge vor.
Unter ſolchen iſt der Sternenberg bey Offenhauſen und nach
ihm der Döhrenberg bey Döttingen der höchſte; auch mag
das Willmandinger Haart beynahe die höchſte weſtliche Gegend auf dieſer Alp ſeyn, ſo wie öſtlicher der ſogenannte Pap-
pelberg an der ſüdlichen Seite des Haarts ſehr hoch liegt,
ohne daß er es zu ſeyn ſcheinet. Er ligt nahe bey Ennabeuren gegen Münſingen an dem Weg: iſt mehr eine Anhöhe,
als ein Berg; hat Rudera von einer Kapelle, welche allem
Anſehen nach mit einer hohen und dicken Mauer umgeben geweſen, und ſchon ſehr lange zerſtöhrt ſeyn muß, weil aus dem
Fundamente der Mauer Buchen und Eichen herausgewachſen
ſind, deren viele theils noch ſtehen, viele Stumpen aber 3
bis 4 Fuß im Durchſchnitt halten. An der öſtlichen Seite
der Mauer ſtehet noch ungefehr die Helfte von einem ſchönen
Thurme von Quadern gebauet. In der Mayeriſchen Landcharte
heißt der Ort Hochſtädt; der Proſpekt allda iſt ungemein ſchön:
man überſieht nicht nur faſt die ganze Alp, in ihrer Breite
und Lände, ſondern auch, ſonderlich gegen Süden, die ganze
Strecke der Schnee-Gebirge in Tyrol ſo deutlich, als ob ſie
kaum wenige Stunden entfernt lägen. Der hintere Bühl
in Böringer Markung gibt gegen Mitternacht oder Nordweſt
eine

eine Aussicht über alles bis an den Heuchelberg: man entdekt
den Asperg und Michelsberg im Zabergäu, wie auch den
Helfenberg und Lichtenberg bey Grosbottwar: gegen Abend
sieht man den Kniebis, die Berge an der Schönmünz, die
Gegend um Altensteig und Nagold, und die ganze Reihe
des Waldes nach Neuenbürg. Eine eben so ausserordentliche
Aussicht gewähret die Zaininger Höhe, die Trailfinger Köpfe
mit Wald bedekt, u. a. Noch mag auch die besondere Lage
bemerkt werden, wo in dem kleinen Filial-Orte Sirchingen
eine Stunde von Urach südwärts, ein Haus aussen am Dorf
den einen Dachtrauf gegen Norden ins Uracherthal in die
Erms, von da in den Neckar, und so fort in den Rhein
gibt; der andere aber gegen Süden in die Lauter und durch
diese in die Donau kommt.

Bemerkungen zur Hydrographie.

Man trift an vielen Orten der Alp, bald grössere bald kleinere Vertiefungen oder Gruben an, welche die Gestalt eines
Trichters haben; die Alpbewohner nennen sie nach ihrer Redens-
Art Erdfall; sie sind aber wahre Trichter, (Infundibula
terrae) in welche Regen-Schnee und Eiswässer von fernen
und nahen Gegenden zusammenfliessen, in die untere Bergklüften eindringen, und in den Thälern als das reineste Quellwasser wieder zum Vorschein kommen.

Solcherley Brunnquellen, oder nach der Alpsprache:
Brunnflaschen, giebt es in den Thälern unzählig viele. Einige sind immer fliessende (perennes,) die zu keiner Zeit ver-

trofnen, andere aber, und die meisten fliessen nur an den Füssen der Berge, wenn es anhaltend lange regnet, und vertrofnen hierauf von selbst wieder. Manche derselben haben den Namen der Hungerbrunnen, worunter besonders einer bey Consingen bekannt ist, der durch sein Fliessen Mangel und Theurung verkündigen solle. Es ist eine Kesselförmige Vertiefung im Anfang des Consingerthälchens, so sich gegen Gomadingen strecket, welche meistens ganz trocken ist, bey lange anhaltender Nässe aber sowohl zu Herbst= als Frühlingszeit das ganze Thal mit Wasser anfüllet, und oft lange, auch einen ganzen Sommer durch nicht versieget. Er solle nicht mit andern, die von vielen Regen anlauffen, voll werden, sondern rinnen, wenn diese alle ausbleiben, und versiegen bleiben, wenn sie auch alle übergehen. Der Kessel, wo er entspringt, ist fast Mannstief und mit Gras ausgewachsen, in ihme bleibt, wenn er nicht voll ist oder nicht lauft, das Regenwasser nicht stehen; wenn sich aber der Kessel beginnet zu füllen, so kann es in etlichen Tagen zum Ueberlauffen kommen, wenn er versieget, so lauft doch noch etliche Tage Wasser im Thal. Er floß im Jahr 1769 sehr stark, vornemlich aber 1710 11 12. Da er hätte ein Mühlrad treiben können. Auch solle er in den 1740iger Jahrgängen einen ganzen Winter geflossen haben. Man siehet seinen Fluß weit und breit als ein untrügliches Zeichen eines folgenden Fehljahres an. In den Thälern ist also nie Mangel an Wassern, die noch über dieses die reinesten, frischesten, und hellesten sind. Auf den Bergen aber fehlt es, wie überhaupt, an Quellwassern! in manchen Ortschaften zum Theil ganz, so auch an vielen andern bey anhaltender Trofne an Cisternenwassern, welches man von den Dächern zusammen zu sämmlen pfleget:

so

so daß, wenn je in einem Dorfe eine lebendige Quelle fließt, die bey anhaltender Dürre am längsten ergiebig bleibt, solche beschlossen gemacht und bey Wasserklemme täglich nur zu gewissen Stunden urkundlich geöfnet, und den Haushaltungen nach Beschaffenheit des Standes und der Menschenzahl lediglich die äusserste Nothdurft ausgetheilt wird. In solchem Falle ist ein Geschenk von einer Gölte voll reinen Brunnenwasser in solchen Orten ein äusserst willkommnes Geschenk. Mehrstetten, Ohnastetten, Bernloch und andere Alportschaften sind diesem Ungemach oft ausgesezt.

Bey dem allem ist nicht zu läugnen, daß, ob man wohl an manchen Orten unbetrügliche Zeichen vorhandenen Wassers z. B. öfters erscheinende Nebel in teuchichten Gründen, Sümpfen und Binsen im nahe gelegenen Wäldern vor Augen hat, doch manche Gemeinde nicht dahin zu bringen ist, der vorhandenen Spur nachgehen zu lassen, wenn sie nicht den gewissen Vortheil in Händen hat. Auch wo sich noch Schöpfbrunnen finden, wie z. B. im eben genannten Ohnastetten, da können solche periodisch seyn: wenn es hier 2 Monate hinter einander trocken ist, so hören sie auf, Wasser zu geben, und es entstehet ein Wasser-Mangel, bis es wieder 2 bis 3 Tage hintereinander stark regnet. Zu solcher Zeit (im Jahre 1766 dauerte es ein ganzes Vierteljahr hindurch) müssen sie das Wasser für Menschen und Vieh von Würtingen herbeyführen, wo es zwischen dem Dorfe und S. Johann eine sehr ausgiebigen Brunnen hat; Dieser, der, Sarreisenbrunn ist oft schon für 7 Orte zugleich eine Nothhülfe gewesen, ja, das Filial Blaichstetten, wo sich der Wasser-Mangel noch bälder als in Ohnastetten

A 5 ein-

einstellt, hat einen uralten Gerechtigkeitsbrief an diesem Brunnen. Vor das Vieh sind in Rücksicht auf das Getränke in den Orten, wo keine, oder nicht hinreichende Quellwasser sind, besondere Einrichtungen gemacht. Neben dem, daß viele Cisternen vorhanden sind, wo alles Regen- und Schneewasser von den Dächern zusammen gesammelt wird, hat jeder Ort noch seine grosse Wassergrube, die man auf der Alp: Hühle (Hülbe, Röse, nennet. Diese sind immer in irgend einer Vertiefung angebracht, wo zur Regenzeit sowohl das Wasser von den Gassen, als vom Felde, soviel thunlich ist, zusammengeleitet wird. Dieses Wasser ist zwar ein stehendes Wasser, welches natürlich matt ist! allein alles Vieh trinkt es gerne und ohne Schaden, ohnerachtet die Pferde darinnen geschwemmt werden, und Gänse und Enten darinnen baden. Bey anhaltender Dürre vertroknen aber diese 'Hühlen dennoch auch; so, daß man in den Nothfall kommt, alles vierfüssige Vieh weit und z. B. zu Bernloch eine Stunde Wegs zu irgend einer Brunnquelle, oder an fliessendes Wasser zu Tränke zu treiben. Es gibt sehr wenige Alportschaften, wo zu keiner Zeit Mangel an Quell-Wasser wäre, und wo Röhrbrunnen sind. Unter solche gehöret das Städtchen Münsingen, welches Ueberfluß an Quellwasser hat, und in neueren Zeiten eine neugefundene Quelle vor der Statt auf seine Kosten fassen lassen, um sie zur Zeit des Wassermangels den benachbarten Ortschaften zum Gebrauch zu überlassen. Es kommt auch hier der wegen seiner Höhe schon oben genannte Sternberg oder Sternenberg, 2 Meilen von Urach, zwischen Offenhausen und Gomadingen in Betracht, daß oben an der Brust dieses hohen Berges, ein guter wasserreicher Brunn ist, dessen sich im Sommer, oder in strengen Wintermonaten

monaten die ganze Nachbarschaft bedienet und manche ihr Vieh weit her dahin zur Tränke treiben.

Sonsten ist die Alp in ihren unterirdischen Klüften ein unerschöplicher Wasserbehälter, und eine Mutter ungemein vieler beträchtlicher und auch geringerer Flüsse. Sie liefert z. B. in den Neckar: die Echaz, die Erms samt der Elzach, die Eyach, die Filß sammt der Eyb, und Korach, den Kocher, die gedoppelte Lauter bey Neidlingen und Gutenberg, die Rems, mit der Lauter von Lauterburg, die Schlichem, die Starzel, die Steinach, bey Neuffen, die Steinlach, bey Thalheim. ꝛc. In die Donau: die Blau mit der Lauter von Lauterach, und der Aach und Flöz, die Beer, die Brenz, die Lauchart, die Lauter bey Offenhausen, die Schmuha bey Gundershofen, die Schmiech bey Onstmettingen. ꝛc. mit unzähligen anderen.

Die Erdfälle, im Hardt bey Magolsheim, Ennabeuren, Suppingen, Seissen ꝛc. westwärts von Blaubeuren, verschaffen vermuthlich durch unterirrdische Klüfte dem Blautopf bey Blaubeuren ihren Zufluß. Es ist dieses daher wahrscheinlich! weil es geschehen kann, daß wenn in jener Gegend der Alp, wo diese dahin dienende Erdfälle liegen, ein Wolkenbruch entstehet, man beym heitersten Wetter in Blaubeuren nichts davon innen wird, biß der Blautopf auf einmal trüb wird, ausbricht und das Blauthal überschwemmt. Eine ähnliche Merkwürdigkeit, von unterirrdischen zusammenhängen Klüften welche bey oben gesagtes gleichfalls bestätigt, ist der Bröller. Nemlich oberhalb Hausen an der Lauchart ist ein 5 Fuß hohes und 4 Fuß breites Loch unter einem Felsen, das der Bröller genennt wird, aus welchem sich manchmal das

Was-

Waſſer, ſo weit und hoch das Loch iſt, heraus auch in die Lauchart ſtürzet, daß ſie gleichbald aus ihren Ufern tritt, und in einer halben Stunde das ganze Thal überſchwemmen kan. Eine Stunde davon, gegen Herrſchwag, iſt ein tiefes Erdloch, in welches bey lang anhaltendem Regenwetter oder Wolkenbruch vieles Waſſer zuſammenläuft, das alsdenn durch tiefe unterirrbiſche Canäle in den Bröller kommt, und ſich in die Lauchart ergießt. Hier muß das Waſſer in ſeinen unterirrbiſchen Gängen ſich manchmal über Felſen herunterſtürzen, und dann wieder bis zur Mündung des Bröllers emporſteigen; denn vorher ehe es anbricht höret man ein ſtarkes Getöſe, wovon auch vermuthlich der Name Bröller (Brüller,) entſtanden. Unweit Feldſtetten, auf einer Feldung, Nattenbach genannt, iſt eine Erdkluft zu der ſich zwar kein Eingang findet, von oben herab aber hatte es ein Loch, und ein eingeworfener Stein ließ 1 Minute warten, bis man ſeinen Klang, als ob er in einen Keſſel gefallen wäre, oben vernahm. Nun iſt dieſe Oefnung verſtopft. Und auf dergleichen unterirrbiſche Cavernen iſt faſt aller Orten auf der Alp Vermuthung.

*) Ich will doch die Handgriffe anzeigen, wie die Aelpler ihre Ciſternen verfertigen, worinn ſie beynahe vor jedem Haus das für ſie allein übrige trinkbare Waſſer von den Dächern durch Rinnen leiten. Erſt wird das Rohr, wenn es 4 Fuß im Durchſchnitt weit bleiben ſolle, 10 bis 11 Fuß weit in der Rundung gegraben, und etliche Fuß tiefer, als man den Brunnen tief haben will. Alsdenn wird alle Tage ſoviel Leimen oder Letten gegraben als ſelbigen Tages verarbeitet werden kann; der Leimen an einen ſchattichten Ort unter ein Obdach geführet, damit er weder naß

naß wird, noch austroknen kann, klein zerhakt, von den
Steinen gesäubert; Kübelvollweis in das Rohr geschüttet,
und da von 4 bis 6 Mann mit Schlegeln und schwehren
Keulen zusammengeschlagen. Ist er satt gepritscht, so wird
er mit Schlegeln, welche 2 bis 3 dreyeckichte Spizen haben
und Geißfüsse genennt werden, aufs neue überschlagen,
damit in die dadurch gemachte Löcher die 2te Schichte von
Leimen besser und satter hineingeschlagen und verarbeitet
werde. Alsdenn wird die erste Schichte aufs neue über-
schüttet, und der Proceß mit den Schlegeln und sodann
mit dem Gaißfuß von vornen angefangen, und so lange
fortgesetzt bis der Boden etwa 1 bis $1\frac{1}{2}$ Fuß dick ist. Auf
selbigen werden alsdenn in der Rundung, soweit der Lettenbank gehen, und das Rohr aufgeraumt werden solle,
buchene Spälter hingelegt, damit die Steine nicht den Boden durchbrücken, und dem Wasser nicht Luft machen können. (Das Buchenholz erhält sich im Wasser, und wird,
wenn es nach 30 40 Jahren so schwarz wie Ebenholz, und
hart wie Bein geworden, als Ebenholz von den Schrei-
nern verarbeitet.) Wenn nun das Rohr geschlagen und
gebauet werden solle, so müssen an der heiteren Wandung,
wenn sie anders nicht aus Felsen gehauen werden muß,
und also von Natur einen Halt hat, flache breite Steine
aufrecht gestellet, und der Leimen davon hingeschlagen werden, nach obigem Proceß. Vornen wird das Rohr mit
grossen Steinen dergestallt aufgebaut, daß immer hinten
und zwischen denselben Höhlungen bleiben, damit nicht nur
das Rohr mehr Wasser fassen, sondern auch das Wasser
eher kalt und rein erhalten werden kann. Und auf diese
Weise

Weise wird fortgebaut und fortgeschlagen bis das Rohr der
Erde gleich ist. Es ist hinlänglich, wenn der Lettenbank
auf jeder Seite 1 Fuß dicke ist: wenn er wohl bearbeitet,
und mit Fleiß zusammengeschlagen ist, auch im Winter
nicht gefrieren kann, so hält er 50 und mehrere Jahre
gut. Bekommt das Wasser in den Cisternen, einen wi-
drigen und übelen Geruch, welches wohl von denen hier
allgemeinen Strohdächern herrühren kann, so wirft man
etliche Scheuter von Birkenholz in den Brunnen, und der
Geruch verliert sich alsbald. Um das Wasser rein zu behalten, und vor Insekten zu bewahren, so müssen von Zeit
Zeit besonders wenn es durch Regen wieder Zuwachs erhalten hat, etliche Handvoll Salz darein gethan werden,
welches verhindert, daß sich die Insekten nicht vermehren,
und die Lebenden sterben müssen. Beobachtet man dieses
fleißig, so hat man immer reines und helles auch gesundes
Wasser, das sich von Quellwasser kaum etwa durch die
Schwehre unterscheidet. Mehr zu bewundern ist die Brauch-
barkeit des Hühle Wassers, welches bey anhaltender Hize
und Trokene zur Sommerzeit matt, faul, und stinkend
wird, besonders weil in den Dörfern auch aller Unflath
von Dungstätten und Kloacken hinein gespühlt wird: das
daran gewöhnte Vieh und Pferde trinken es jedoch gerne,
und noch lieber, als klares Brunnen-Wasser, und bleiben
gesund. Die Hühlen ausserhalb der Dörfern bleiben freylich etwas reiner, weil der Schleim, der nur vom Ackerfeld zusammengeschwemmt wird, sich bald wieder zu Boden
sezt; allein der Landmann macht sogar keinen Unterschied
darunter, daß er frey von aller ängstlichen Besorgniß, sein

Vieh,

Vieh, das oft sein vornehmster Reichthum ist, nur an die nächste beste Hühle treibet. Des Winters, wenn die Hüh-len eingefrohren sind, werden 1 oder mehrere Löcher, die sie theils Orten Wannen nennen, in die Mitten eingehauen, und immer wieder geöfnet, sobald sie gefrieren, damit das gespannte Wasser ausdünsten kann. Dem unerachtet hat aber doch das dicke schwarzgrüne Wasser in diesen Hüh-len einen so durchbringenden unleidentlichen Gestank, daß man nicht ohne äusserste Verwunderung ansehen kann, mit welcher Begierde das Vieh davon trinkt, und gesund dabey bleibt: man weißt hier viel wenigere Beyspiele von Viehkrankheiten als an Orten, da fliessendes reines Was-ser im Ueberfluß ist. Es gibt Fälle genug, daß Pferde die nicht hier sondern bey Quellen erzeugt und geboren und erst in ihrem 3, 4, 5ten Jahre und noch später, herein gekauft worden, noch 20 bis 30 Jahre hier gelebt und gesund geblieben sind. An das Gestade dieser Hühlen wer-den Tränktröge angelegt in die des Winters das Wasser eingeschöpft werden muß: ist denn die Tränkzeit vorbey, so müssen sie wieder ausgeleeret und ausgeeiset werden, wel-ches der Kuhe- und Roßhirten Verrichtung im Winter ist. Von eben diesem Wasser muß die Bäurin ihre Wasch wa-schen, ja gar im äussersten Wassermangel davon kochen und backen, wozu man freylich, wie leicht zu begreif-fen, vom unreinen das reinste wählet.

Bey der Hydrographie haben wir auch des Klein-Eng-stinger Sauerbrunnens, des einzigen auf der Alp befindli-chen Gesundbrunnens, zu gedenken. Die Geschichte seiner Entdeckung erzählet *Crusius paralipom. Cap. 12.* mit folgenden

den Umſtänden. Als im Jahr 1580 ſich in dem Orte (ſo
ſonſten periodiſche Schöpfbrunnen hat) einiger Waſſermangel
äuſſerte, ſo würde nach einem neuen Brunnen gegraben; was
aber Tags durch gegraben wurde, ſtürzte des Nachts wieder ein
und es wurden 10 Tage mit Graben und Befeſtigen zugebracht.
Bey 24 Fuß Tiefe gelangte man auf eine Quelle; die Arbeiter
aber, die in dieſer Tiefe ſich zu lange aufhielten, geriethen nach
und nach vom Schwefel-Dampfe des Waſſers in Unmachten,
denn die Quelle, die ſich einfand, war eben der Geſundbrunn,
der dem Jebenhäuſer bey Göppingen ziemlich gleichkommt.
Sie iſt ſo reich, daß ſie auch überläuft und über ſich ſprudelt,
ſo daß es in der Nachbarſchaft des Nachts gehört wird. Sie
läſſet ſich nicht einſchlieſſen. *)

Eine

*) Von einem anderen benachbarten Brunnen erzählet *Cruſius* am
a. O. — „Effoderunt ejusdem pagi ruſtici alterum fontem anno
1590. Menſe Octobri et Novembri; ſpatio 20 paſſuum a fonte
acido. Ibi duos ſarcophagos repererunt, quorum prior fere cor-
ruptus fuit, partibus tantum quae abiegnae fuerant, reliquis: alter
vero ferreus, bene munitus, et aſpectu fere novus, in quo oſſa qui-
dem reperta ſunt, ſed propemodum marcida; et lignum, lignei
pedis referens ſpeciem, (qualis eſt calceolarii muſtricola) ſupe-
rius etiam marcidum. Item aliquid argenteum digiti longitudi-
ne, cum foramine, quo appenſum fuit. Terra, quae effodie-
batur, quodammodo coerulea fuit, nec unioſa, ſed arenoſa,
nec denſa, ſed laxa, pro natura locorum aquoſorum. Fontis
hujus altitudo propemodum 30 pedum eſt, et ipſa aqua cyanei
coleris. Dictum eſt ab antiquis, ſacellum in hoc loco fuiſſe; ut
veriſimile ſit Barones liberi Kleinængſtingenſis vici, ibi ſepulturam
habuiſſe.“ Auch *Alexander Camerarius*, in *Diſſ. de Acidulis Eng-
ſtingenſibus.* p. 11. führet von einer anderen Quelle an: „Relatio
nobis facta a loci ſenioribus: olim ad diſtantiam a puteo vel 100
paſſuum ex ſolo herboſo ſponte prorumpentem, ſcaturiginem aquæ
vivæ, et qualitatem hujus acidulam fuiſſe obſervatam, ſed a
poſſeſ-

Eine hinlänglich genaue Untersuchung des Gesundbrunnens ist noch nicht vorgenommen worden. Mit Reagentien ergab sich folgendes:

Solutio Aluminis; wird langsam opal, und präcipitirt endlich Flocken.

Solut. Lunae; brauset ein wenig auf, wird nach und nach röthlicht, und endlich ganz roth.

Solut. Mercurii Subl. bleibt helle mit einem Häutchen.

Solut. Sacch. Saturni; präcipitirt stark opal auf den Boden.

Sol. Vitrioli Mart. anfänglich nichts; endlich präcipitirt es.

Solut. Veneris; nach und nach celadon-grün.

Spir. Vitrioli; brauset, mit Bläschen.

Spir. Nitri; brauset ein wenig.

Oleum tart. per deliqu. wird trüb, hellet sich wieder auf; und wird nach neuem Eingiessen abermal trübe.

Aqua Calc. viva; o.

Solut. Auripigm. cum calce viva; o.

Solut. Sulphuris cum calce viva; langsam gelb, endlich weiß, präcipitirt mit einem Gestank.

Sol. Gallarum; nach und nach dunkler, mit einem Häutchen.

Syrup. Violar. grünlicht.

Solut. Lacmus; helle und roth.

D. Ale-

possessore prati repressam, et terra obrutam, ac vi obturatam, ut sui hactenus non dederit indicia. Incertum adeoque, an et quantum fontium alter cum altero communicaverit: vero similiter tamen fuit una vena, quae modo in via quacunque de causa perruperat. Et praestitisset forsan servasse locum istum, in libero campo altiorem fonti aptiorem, ac in medio pago. Ubi certe mirabamur, nostrum fontem adeo vicinum esse stagno impuro, quod in potum saltim vel lavacrum pecori venire solet, et vocari in alpibus eine Höle, aquarum colluvies. ——

Drittes Heft,

D. *Alexander Camerarius* hat diesen Schwefel-Gesundbrun-
nen beschrieben: *Diss. de Acidulis Engstingensibus. Resp. Mich.
Ellvert. Tubingæ.* 1719.   Die Quelle ist schlecht gefaßt; und
manche nehmen Anstand den vortreflichen Brunnen zu gebrauchen, aus dem lächerlichen Vorurtheil, daß er durch einen ehemaligen Kirchhof lauffe.   Eben so thöricht ist das Vorgeben,
daß die Quelle bey Annäherung einer unreinen Manns- oder
Weibsperson trüb werde, und erst nach einer Stunde sich wieder aufhelle.   Man behauptet auch, daß sie die besondere Ei-
genschaft habe, daß sie in einem flachen Gefässe auf die blosse
Erde gestellt, alsbald matt, und wie gewöhnliches Wasser werde.

Ausser den schon bemerkten grossen unterirrdischen Wasser-
behältern aber hat die Alp auch merkwürdige trokene beträchtliche Höhlen und Klüfte, von denen wir oben schon das be-
ruffene Nebelloch in dem Gebiete der Echaz, und den Fal-
kenstein samt mehreren anderen um Wittlingen und Urach
in dem Gebiete der Erms beschrieben haben.   Noch ist uns
aber auf der vorderen Alp eine merkwürdige dem Nebelloch
ziemlich ähnliche grosse Höhle hier zu beschreiben übrig, nemlich
das sogenannte

Erdloch
bey Sontheim Uracher Oberamts. *)

Es befindet sich eine kleine Meile von der Stadt und Kloster Blaubeuren gegen Westen, und eine Viertelstunde von
dem Dorfe Sontheim, in der sogenannten Kohlhalden
am dritten Theil des Berges von unten auf.   Wenn man daselbst von Blaubeuren über Seussen auf der Höhe ankommt,
bis gegen Sontheim, so steiget man der Seite gegen Mittag
den

*) Es ist auf der Vignette dieses Hefts abgebildet.

den Berg etwas abwärts, und befindet sich nun am Eingang, (a) da man etlich und 20 Fuß tief noch durch den Erdengrund bis zum Anfang des Felsens absteigen kann und da in einen Raum gelanget, dessen Höhe und Weite ein mäßiges Bauren-häusgen fassen möchte. In diesem Vorhofe, (b) bis dahin noch Tageslicht von oben einfället, hat man sich mit Lichtern, Ueberkleidern, und dem weiteren benöthigten zu versehen. Nun führet ein Felsengang gegen Westen der ziemlich hoch ist, aber meistens nur für eine durchgehende Person Platz lässet, eine Strecke von etwa 50 Fuß hin: (c d) wohl sind unterwegs ausspringende Nebenklüfte, in die man austretten kann, da man übrigens als zwischen zwey hohen Mauerwänden wandelt. Dieser Felsengang ist aller Orten mit Steinsinter und Tropf-stein, der recht artige Figuren bildet, und Lac Lunae be-kleidet. Es hat das Ansehen, als ob das abgelossene Wasser sammtlich zu glänzendem Eis gefrohren wäre. Dieser Gang ge-het meist eben aus, und endigt sich an einer grossen Oefnung und Weite, darinnen man ungefehr Mannshoch sorgfältig hin-unter zu steigen hat, und darinnen noch bey 60 Schritte nach der Länge hingehen kann, (d bis e) auch zur Seiten 20 bis 30 Schritte Raum hat, und in zerschiedenen kleinen Nebenklüften und Höhlen abtretten kann. Die Höhe dieser Höhle ist un-gleich, oft sehr hoch, nie aber so niedrig, daß sie mit der Hand erreicht werden könnte, und durchgängig mit herabhängenden Tropfsteinen als Eiszapfen dichte besezt. Sonsten bildet der-selbe hier allerley Figuren, besonders aber ist unter anderen fast in der Mitte dieses Theils der Höhle ein grosser Cubicfelß, (f) als ein liegender Würffel anzutreffen, dessen Seite etwa 6 Fuß halten mag, jedoch von allen Seiten rauh und von Tropfstein

zackicht. Zwischen diesem mittleren und allerhintersten Theil
der Höhle öfnet sich zwar der Fels als durch ein Portal; (g)
es führet aber dieser Eingang über eine Menge grosse zerstreute
Steine, (h) über die man nur mit der allergrösten Mühe und
Vorsichtigkeit hinklettern kann, und daher lieber zur linken
Hand fast auf die Erde gebücket, hinkriechet, und auf wenige
Fuß (e bis g) durch den engen Raum eines Felsens schlüpfet.
Und nun siehet man sich in dem hintersten und geraumigsten
Theile der Höhle, die immer gemächlich sich in mehrere Tiefe
ziehet. Dieser Platz hat die Ausdehnung, daß man mit einer
zweyspännigen Kutsche ohne Hinderniß möchte umkehren kön-
nen, auch eine solche Höhe, die oben in der Mitte durch keine
Stange erreicht wird. Alles ist, so wie im mittleren Theil
der Höhle mit abhängenden Tropfsteinen überzogen. Zu hin-
terst in dieser Kammer hat das Wasser einen Tropfstein gebildet, der viele Aehnlichkeit mit einer Glocke hat, (i) im Durchschnitt von 3 bis 4 Fuß, und etwa 4 bis 5 Fuß hoch von der
Erden, daß man sich hinein bucken muß. Darinnen stehen eine
Menge Namen von denjenigen eingekratzt, welche ehmals diese
Höhle besucht haben. Manchmal wird in dem hintersten Theile
(k) fliessendes Wasser angetroffen, das sich unten im Felsen-
Grund verlieret; zu anderen Zeiten wird aber kaum eine Feuch-
tigkeit auf dem Boden davon gefunden. Diese letzte Höhle hat
nicht so, wie die mittlere, mehrere Nebencavernen, ausser einem in der Höhe von mehr als 20 Fuß hineingehenden Loche,
das man einmal mit mehreren kurzen in der Höhle bis hieher
gebrachten und sodann zusammengebundenen Leitern solle un-
tersucht, aber nicht weit hin sich erstreckend befunden haben.
Die ganze Felsenhöle ziehet sich von oben immer abwärts, erst.

IIch

ſich gegen Weſten, und zuletzt immer Südweſt, bis Südlich.
Vom Eingang bis zuhinderſt zur Glocke, laſſen ſich 250 gemei
ne Schritte zählen. Von Figuren = Steinen hat man bisher
nichts angetroffen. Selenit, der ſich rhomboidaliſch ſplittert,
iſt vornemlich in der hinterſten Kammer häufig; der Hauptfels
iſt Kalkſtein. Lebendiges z. B. Fledermäuſe ꝛc. findet ſich nie
mals etwas in der Höhle. Der Zug der ganzen unterirrdiſchen
Kluft ziehet ſich alſo ab = und an der Seite des Berges heraus
wärts, daß die Vermuthung einiger nicht ganz zu verwerfen iſt:
man dörfte vielleicht wenige Lachter zu graben haben, um unten
an dem Berg zu Tage ſich herauszuarbeiten. Im hinterſten Theil
unfern der Glocke findet ſich brauner feiner Tripp; und auſſer
dieſem Verſuche aber zeigt ſich nirgends in der Höhle keine Spur
von Arbeit menſchlicher Hände. Gröſſentheils iſt obiges die Be
ſchreibung welche Abt Weiſſenſee, der dieſe Höhle vielfältig be
ſucht, gegeben hat. S. auch *Sel. Phyſ. Oeconom.* Stuttg.
Xtes Stük. 1753 n. I. S. 283.

Geringere Höhlen gibt es mehrere z. B. bey Feldſtetten,
in dem nahen Walde Hagspuch iſt der ſogenannte Hohle=Stein,
mit einem Eingang 8 Fuß hoch, und etwa 20 weit; er ziehet
ſich aber bald ins Engere zuſammen.

Mineral=Reich.

Das Geſtein in den Alpbergen wenigſtens der Alphö
he, iſt nach zerſchiedenen angeſtellten Bergmänniſchen Schürf
fungen und Unterſuchungen durchaus Kalkſtein. Hie und da
trift man einzelne Marmorſteine an, von mannchfaltiger Schön
heit; ganze Brüche davon ſind auſſer dem ſehr ergiebigen ganz
vortreflichen rothen Marmor=Bruch zu Bettingen, eine Stun

be

be von Münsingen, noch nicht entdekt worden. Man sehe
jedoch, was oben bey der Echaz und Erms gesagt worden.
Der Bettinger Marmor ist theils ein Bandmarmor, weiß,
mit rothen Bändern (so wie Dapfen weissen mit gelben Bändern hat;) theils durchflossen und gefleкt zugleich: dunkelroth und
weiß, mit hellrothen Ringen. Klein=Engstingen hat einen
hellfleischfarbigten mit schönen rothen Adern. Von einfärbi-
gen Marmoren ist ein fahler zu Upfingen, ein gelber, wie
auch ein rother zu Feldstetten u. d. m. (Die Kirchheimer,
Göppinger und Blaubeurer Marmore, welche sich mehr östlich, oder gar südlich in die Alpen hereinziehen, s. an ihren
Ort.) Bergspat findet man in den Bergklüften in ungeheuren
Massen: alle bis jezt bekannt gewordene zu Tage ausgehende
Gänge sind bey Bergmännischen Untersuchungen entweder taub
gewesen, oder faul geworden. Hie und da besonders aber in
den Gebirgen des Ermsthals, und in der sogenannten Zittel-
stadt an der Ulmer=Staig, und mehreren Gegenden um
Urach herum, finden sich schmale Flöze einer ziemlich feinen
Walker=Erde, feiner Kupfer= und Eisen=Ocher, auch Sie-
gel=Erde. Zu Donnstetten bricht rother Bolus in ziemlicher
Menge, und von wahrer Güte. Eisenhaltiges Gestein findet
man vieles. Ueberall auf der Höhe und in den Thälern der Alp
wächset unglaublich viel Salpeter. Zu Zeiten, aber äusserst selten, findet man auf den Alpäckern einen ziemlich reinen Achat.
z. B. bey Zainingen. Mergel=Erde gibt es auf den Alpbergen, besonders in den Gegenden von Böhringen viele, bey
Holzelfingen feine aschgraue ıc. In der Gegend von Feldstetten wird ein schieferartiger gelblichter Stein mit den schönsten Dendriten gebrochen. Hafnerthon ist ebenfalls und beson-

ders

ders in der Gegend des Aglishardlerhofs in Menge vorhanden;
feuervester Thon aber, der sehr fein ist, trift man an der Han-
nersteig bey Urach, und in der Gütersteinerstaig, aber nur
in schmalen Flözen an. Die Steine auf der Alp sind durchgängig sehr hart und rauh, auch zum Bauen unbequem, weil
sie fast nicht zerschlagen werden können. Die meisten geben guten
Kalk, auch die marmorartige, und verwittern in Frost und Hize
nicht. Um ordentliche Steinbrüche ist es etwas seltenes: die
Steine, die nicht in Schichten liegen, sondern unordentliche Felsen sind, müssen mit Pulver gesprengt werden. Unerachtet es
viele sandichte Böden und Felder auf der Alp gibt, so gibt es doch
keine Sandsteine, nicht einmal solche, die nur zu Marksteinen
könnten gebraucht werden. Erst an den Gränzen der Alp bey-
und um Mittelstadt brechen Sandsteine, und zwar von vorzüglicher Härte, die als ganz gute Mühlsteine auch in das weite Ausland verführet werden. Der Tauchstein (Tuffstein) ist in
den Alpen ganz zu Hause, und einer der vorzüglichen Bau-
steine, der in seiner Dauer Jahrhunderten Troz bietet. (So
ist die Uracher Stifts-Kirche, welche seit 1481 schon über 300
Jahre stehet, davon aufgeführt.) Einige Orte liefern eine
ausserordentliche Menge Pektiniten, wie z. B. der Sternenberg.
Von Petrefakten sind Ammonshörner und Gryphiten die häu-
figste, sie stecken noch in den tiefsten Kalkgebirgen. Die Alp-
thäler sind ganz mit reiner Staub-Erde überlegt: da hingegen die Gegenden auf den Alpen nach der Mehrheit nur wenigen und darneben noch sehr schweren Erdengrund haben; unter diesem ist alles felsicht. Er selbst ist auch noch auf den ge-
bauten Ackerfeldern der meisten Alpgegenden mit Millionen
kleinen Feldsteinen, welche durchs pflügen heraufgebracht wer-

den,

ben, gleichsam übersäet. Auf und zwischen diese hinein ackert
der Ackersmann seine Saamen-Früchten ein. Hierauf folgt
nun natürlich, daß der Alpacker zur Hälfte weniger erträgt,
als in den Thälern. Hingegen ist es aber auch eine durch die
Erfahrung ganz entschiedene Wahrheit, daß ohne diese Feld-
steine der Acker keine Frucht bringt: denn sie dienen der kleinen
Saamenpflanze bey Wind, Kälte und Regen zum Schuze.

Fast überall auf der Höhe ist das Feld ein lichtbrauner
Leimen, nur daß sich da und dorten die Farbe ein wenig ver-
ändert, je nachdem das folgende Stratum ist. An einigen Orten ist es ein lichtgrauer Lettenartiger, an andern ein gelb-ro-
ther-Zicaler-Erdenartiger Mergel, und wieder an andern ein
quarzigter Drusigter Sand.

Auf Torf hat man zu Würtingen in einer Gegend, die
Riethwiesen genannt, gegründete Vermuthung, auch dürfte
sich dergleichen zu Upfingen finden. An beyden Orten wurden ehmals von Leibmed. Gesner und Bergrath Döring
deßwegen Untersuchungen angestellt, welche dieses bestättigten.
Sie besuchten auch damals den sogenannten Salzwinkel, eine
Stunde von Böringen an der Zaininger Au, von dem man
ein gleiches vorgab; allein es wurde nicht also erfunden. Vom
Schopflocher Torf, s. künftig die Gegend um die Lauter.

Würkliche Versuche auf Erz geschahen vor etwa 20 Jahren, zu Döttingen; man traf auf etwas Gangförmiges mit
Drusen. Die Arbeit geriethe aber bald wieder ins Stecken.

Pflanzen-Reich.

Die Alpberge sind, wo sie abfallen, durchaus alle bis
tief in die Thäler herab, mit Holz bewachsen. Es ist aber

lauter

lauter Laubholz und weit nach der Mehrheit buchenes Holz.
Nur zwischen Marbach und Gravoneck kommen einige wenige Nadelhölzer, lauter Roth-Tannen vor, die durch Kunst
dahin gepflanzt worden sind. Auch auf der Höhe der Alpen
selbst sind so viele Waldungen, daß beynahe die Hälfte derselben
blos Waldung zu seyn scheinet. Auch diese bestehen meistens
aus Buchen! doch kommen auch mit unter Eichen-wilde Obst-
Sperbel-Birken-Salen-Wachholder-Ahorn-Linden-Aschen-und
andere wenige Bäume vor. Eigentliche Eich-Waldungen von
vorzüglicher Schönheit aber sind bey Mezingen unter Urach,
im Thal. Auf der Alp hat Bernloch allein einen Wald mit
Eichen, von 100 Morgen, die schön gewachsen sind. Ausser
den vielen und schönen den beyden Herzoglichen Cammern zu-
stehenden Waldungen auf der Alp, gehören die meisten anderen den Communen; so wie gegentheils auf dem Schwarz-
walde, meistens Privatwaldungen sind. Manche Communen
haben für sich Brennholz genug, und können noch ihre Nachbarn hinlänglich damit versorgen, manche andere müssen sich
versorgen lassen, weil sie wenige Waldungen haben. Das ent-
behrliche wird auf Urach, Münsingen, Reutlingen, und
Tübingen geführet. Ein Burger kann jährlich 8, 10, 15
Klafter Burgergabe bekommen; was er erspahren kann, wird
versilbert.

Die Büchelein, die aber nur alle 2, 3 Jahre gerathen, sind
ein herrliches Produkt für die Uelpler, und es wird starker Handel mit Oel davon getrieben. Mancher Bürger kann 100 und
mehr Simri, bekommen, und manchmal neben seinem Haus-
brauch für 40, 50, 60 fl. verkauffen. Die Buchen werden ausgetheilt, und unter die Bürger verloset. Bey gutem Herbst-

B 5   wetter

wetter werden die Büchelein, die entweder selbst abfallen, oder mit Stangen abgeschlagen werden, unter dem Baum zusammengekehrt, durch ein Kohlsieb gesiebt, geworffen und hernach durch ein eigenes Bücheleinssieb von Erden und anderem Unrathe soviel möglich gesäubert und nach Haus geführet, auf der Bühne dünne aufgeschüttet, öfters gerühret, und auf diese Art getroknet. Endlich müssen sie auf dem Tisch noch mit der Hand verlesen, und gänzlich gereiniget werden: 5 Simri grüne Büchelein geben 1 Simri gedörrte, und diese 5 höchstens 6 Pf. Oel. Das Simri grüne Büchelein kostet 20 bis 36 kr. und gibt Oel für 50 kr. bis 1 fl. und der Kuchen davon gilt 6 kr. Diese werden klein zerrieben, und sind ein trefliches mehr als habermässiges Futer für Melk- und Mastvieh.

Die Alpenbewohner bauen in ihren Aeckern: Dinkel, Einkorn, etwas Roggen, Gersten und Haber. Unter allen diesen Feldfrüchten ist der Haber die ergiebigste und beste; der sich auch durch die Schwehre von dem Haber, der in Thälern und auf dem flachen Lande erzeugt wird, sehr hervorthut, jedoch dem Schwarzwälder nicht gleich kommt. Das Dinkelkorn ist gegen dem Unterländern Korn deutlich kleiner, nicht so meelreich, aber eben so gut wie dieses. Nur ist auch Kernen und Meel nicht so weiß. Eben so verhält es sich mit dem Roggen. Die Gerste ist mit der Unterländer Gerste von gleicher Güte. Ausser diesem werden noch Linsen, Erbsen, Saubohnen, und hie und da etwas Wicken, vorzüglich aber viele Erbbiren gebauet: Die Linsen aber sind äusserst klein, doch schmakhaft; und so sind auch die Erbsen merklich kleiner als die in den Thälern und im Unterland, doch aber weich und schmakhaft zu kochen: nur die, so auf gegipsten Feldern gebaut werden,

den, bleiben hart. Die Erdbiren sind zwar kleiner, als die
in den Thälern, aber weit besser, als diese, weil sie einen
schwehren steinichten Grund lieben. Sie sind des Winters die
tägliche Nahrung des Landmanns, womit er eine grosse Con-
sumtion an Dinkel erspahrt, der ihm alsdenn zum Verkauf
dienet. In den Alpkuchengärten und Kuchenfeldern wird vieles Kapis-Kraut gebaut; es bleibt aber klein, locker, grün,
und leicht: da hingegen das im unteren Ermsthal gebaute
Kapis-Kraut dem auf den Fildern wachsenden gleichkommt.
Desto besser und schmakhafter sind die dorten wachsenden Bo-
den-Kohlraben und Carviole, die besonders zu Münsingen
wohl gerathen. Hie und da auf der Alp werden auch noch
andere Kuchengewächse, z. B. Kohl, Winterkohl, Knopfkohl-
raben, Zuckererbsen, Selleri, rothe-gelbe-Rüben, Peterling,
Zwibel, Rettich, an manchen Orten noch Stekrüben u. d. g.
auf den Feldern und in Gärten gebauet: es erreicht aber kei-
nes die Grösse und die Güte, wie in den Thälern. Alle Jahre
werden auch Bohnen auf der Alp gezogen; allein man darf
im Frühling erst späth damit in den Boden, und ist den ganzen Sommer nie sicher, daß sie nicht durch Nachtreiffen, die
sehr gewöhnlich sind, erfrieren, in dem September ist es aus
dieser Ursache bereits wieder mit ihnen geschehen. Weil die sogenannten Feuerbohnen, mit rother Blüthe, der Kälte mehr wie-
derstehen, so werden sie auch mehr gebaut.

Zahme Obstbäume kommen auf der Alphöhe gar nicht
fort; nur der einige Alport Wittlingen hat vieles und schönes
Obst, er ligt aber in einiger Tiefe, und sehr mittäglich. Zu
Münsingen werden immer, aber bisher ohne wahren Nuzen
Versuche mit derselben Pflanzung gemacht. Desto schöneres

und

und besseres Obst wächßt hingegen in den Thälern, und besonders dem Ermsthal; (S. oben.) Hier trift man alle Gattungen von Aepfeln, und Biren, Zwetschgen, Pflaumen, Kirschen,
Aprikosen, Pfersiche, Reine-Claude, und andere feine Obstar-
ten wie im Unterland an; leztere aber können nur an Espalie-
ren gezogen werden. Der Obstbäume gibt es durch jenes ganze
Thal so viele, und so nahe beysammen auf den Wiesen stehend,
daß man glauben könnte, es wäre von der Uracher Pulver-
Mühle an, die eine kleine halbe Stunde über der Stadt im
Thal stehet, bis herunter nach Riederich, also eine Strecke
Wegs von 3 Stunden nichts als Wald. Das Obst davon
wird entweder gedörret, oder gemostet, oder zu Brandtenwein
gebrannt, und gibt also den Eigenthümern einen erglebigen
Nahrungszweig, womit auch einiger Handel ins Ausland getrieben wird. Mit den Kirschen, welche in dem Erms-Len-
ninger- und Neuffener-Thal wachsen, und dem daraus gebrannten Geiste, wird, wenn sie gerathen, ein ergiebiger Handel getrieben, der, im Ganzen genommen, etliche tausend Gulden Nuzen liegen lässet. Unter dieserley Bäumen aber, zeich-
nen sich die viele in dem Erms-und andern Alpthälern zu
einer ungläublichen Grösse, Höhe und Dicke anwachsende Nußbäume vorzüglich aus. Das bisherige will jedoch nicht soviel
sagen, als ob ein Obstbaum auf der Alp ganz und gar nicht
bestehen könne. Man pflanzet sie immer, aber sie dienen mehr
zur Rarität, als zum Nuzen. An einigen Orten, wo es mehrere derselben gibt, und wo sie etwa auch zuweilen recht fruchtbar seyn können, bleibt eben das Obst rauh und steinicht, und
kann wohl gekocht, aber nicht wohl aus der Hand genossen werden.
Wenn Sommer und Herbst gut sind, so werden die Zwetschgen
auch

auch soweit reif, daß man sie essen kann, sonst aber nicht.
Will man Frucht von seinen Bäumen haben, so muß man
sie an solche Orte wo möglich hinpflanzen, wo sie vor dem
Ost- und Nordwinde gesichert, und überdies muß man noch
solche Arten wählen, welche späth blühen, und doch bald reif
werden.   Auch das Immten und Okuliren schlägt hier an,
allein je saftiger der Baum stehet, und je schöner er wächßt,
desto eher ist er in Gefahr, umzukommen, und so auch, wenn
er mageres Erdreich hat.   Hat der Baum viel Saft, und
treibet sich stark; so springt insgemein im Winter und bey stren-
ger Kälte und starkem Wind die Rinde entzwey, und alsdenn
ist der Baum verlohren. Und das geschiehet gemeiniglich solchen
Bäumen, die schon 8 bis 10 Jahre alt sind, und gut gedünget
werden.

Auf der Höhe der Alpen wächßt kein Weinstok; desto
mehr und ungehinderter aber in den Alpthälern.   Hier sind
deswegen sehr viele Weinberge, die mit lauter solchen Arten angelegt sind, welche nicht so leicht erfrieren, aber desto mehr
Wein geben.   Da diese Weinberge sehr enge gestokt sind, so
gibt der Morgen auch vielen Wein: man hat Beyspiele von
16 bis 20 ja über 30 Eymer vom Morgen.   Freylich ist dieser Wein ganz nicht geistreich, aber gleich trinkbar; hält hingegen ohne aufgefrischt zu werden, nicht über 1 Jahr. Urach
hat seine Weinberge seit dem verderblichen 30 jährigen Kriege
nicht wieder angelegt, sondern Baum- Wurz- und Grasgärten
daraus gemacht; die weiter unten im Ermsthal liegende Ortschaften hingegen. Dettingen, Kapishäuser, Kolberg, Neu-
hausen, Glems, Mezingen, Riederich, Bempflingen, und
Sondelfingen bauen ihre Weinberge fort, und haben den grös-
sesten

feſten Nuzen davon. Denn zu Herbſtzeiten geht ihr erzeugter
Wein eben ſo ſchnell weg, als in den beſten Weingegenden,
und wird, weil er gleich im erſten Vierteljahre trinkbar, und
wohlfeil iſt, von den damit handlenden nach Verhältnis weit
mehr daran gewonnen, als am beſten Neckarwein. Die beſten Weine, welche an und in der Nähe der Alpberge wach-
ſen, ſind die Neuffener, Linſenhöfer, Frickenhauſer, Beu-
rener, Dettingen Schloßberger, Eninger, Pfullinger,
Reutlinger, und Sondelfinger Weine: Die beſten und ziemlich trinkbare unter dieſen ſind die Linſenhöfer Neuffener
und Eninger Weine, welche auch ſchon 3, 4 Jahre halten.

Auf der Höhe der Alpen wird ſehr vieler Flachs und
Hanf gebauet: beyde gedeyen daſelbſt vorzüglich. Der feinſte
Flachs wächſet in Laichingen und Feldſtätten: man kan 20
und mehr Schneller aus dem Pfund ſpinnen. Das Gedeyen
des Flachsbaues auf der Alp mag auch wohl den Herzog Fri-
derich am Ende des 16 Jahrhunderts veranlaſſet haben, zu
Urach die nunmehr ins groſſe geſtiegene Leinwandweberey zu
errichten. Denn zu der Uracher Leinweberzunft gehören wirklich 1200 Meiſter, welche zuſammen ein Jahr ins andere für
600,000 fl. Leinwand verarbeiten und abſezen. Es beſtehet
zwar in Urach eine privilegirte Leinwandhandlungs Compagnie,
welcher die Weberſchaft ihren verarbeiteten Leinwand vorzüglich
zu fallem Kauf vorzutragen verbunden iſt; da aber dieſelbe den
erforderlichen Capitalfond zum Einkauf lange nicht hat, und
den ingeſeſſenen ihr nahe wohnenden Kaufleuten auſſer ihrer
Geſellſchaft den Leinwand - Einkauf nach ihr nicht geſtatten
will, ſo ziehen die angränzende ausländiſche Handelshäuſer den
Nuzen, der doch den inländiſchen vorzüglich zu gönnen wäre.

Ueber-

Uberdieses macht man die ganz gegründete Bemerkung, daß der
Alpflachs, besonders auch zu Laichingen, Feldstetten, und
Donnstetten, wo gewöhnlich am meisten angebaut wird, gegenwärtig nimmer so gut gerathe, oder vielmehr nimmer der
ganz feine Flachs wie vor 20 und 25 Jahren erzeugt werde. Damals, da der Flachspreis überhaupt um ein gutes Drittel niedriger war, zählte man doch das Pfund des hiesigen feinen
Flachses, besonders des von Laichingen um 1 fl. auch 1 fl 12 kr.
Hingegen hat man auch aus dem Pfunde 25 bis 30 auch sogar
40 Schneller gesponnen. In der beliebten Schwäbischen
Chronik. 1789 n. 16 S. 30 31 gibt ein verständiger Haus-
wirth darüber folgenden bemerkenswehrten Aufschluß: „Es ist
„nicht der Natur zuzuschreiben, daß wir jezt keinen so feinen
„Flachs mehr haben, sondern die Ursache ligt in der schnelle-
„ren und minder sorgfältigen Zubereitung, die man jezt immer
„mehr sich angewöhnet. Unsere Väter liessen den Flachs auf
„dem Lande noch mehr zur Zeitigung kommen, und unsere
„Mütter liessen ihn länger auf dem Lande, oder auf der Breite
„liegen. Im Puzen fiel zwar alsdenn mehr weg, es gab auch
„mehr Abwerg: aber was man da verloren hatte, gewann
„man in der Feinheit dieses Flachses und durch den höheren
„Preis desselben reichlich wieder. Jezt wo die Weberzunft sich
„unter uns so sichtbar vermehret, und die Weber, welche in
„hiesiger Gegend lauter Leinwand auf den Kauf (sogenannte
„Stückwaare) verarbeiten, nicht genug Flachs aufzutreiben
„wissen, gibt man sich nicht so viele Mühe damit. Man reißt
„ihn frühzeitiger aus dem Lande, verkauft ihn aber doch im-
„mer gerne um einen ziemlich hohen Preis, neben dem daß
„man auf solche Weise auch etwas am Gewichte gewinnt.

„So hat sich unser ehmaliger sehr feiner Flachs in mittelfeinen „umgeändert. "

Der Futerwachs ist gegen dem Unterland geringe: doch giebt es auch in den Thälern viele und ergiebige Wiesen: wenige auf den Bergorten: diese aber liefern desto besseres und nahr. hafteres Futer. Neben dem geben die Alpwiesen auch wenig Futer und eine reiche Heu= und Oehmdernde ist gleichsam eine ungefehre Beute. Entweder ist der Frühling naß und kalt, daß das Gras nicht wachsen kann, oder es ist das Frühlingswetter im März und April gut und warm, daß die Wiesen anfangen können zu grünen, allein alsdenn kommen gemeiniglich im May noch rauhe Winde, Schneegestöber und Reiffen, daß die zar. ten Kräutgen gelähmet und an Wachsthum gehindert werden, und das Gras fast bis in den Heuet bleibt, wie es ist, oder schon im April war: oder der May und Junius ist gut und trok. ken, so brennen die Wiesen aus, und geben wenig Futer, also daß man in 4, 5 Jahren kaum eine gute Heuerndte bekommt. Im Julius oder Anfang Augusts stellen sich die rauhen Winde schon wieder ein; zu Ende des Augusts oder Anfang Septembers ist man schon vor Reiffen nicht mehr sicher, oder es gibt kalte Regen, welches alles das Wachsthum des Oehmdgrases verhin. dert. Dreymädige Wiesen sind etwas sehr seltenes, und erfor. dern einen guten Oekonomen und häufigen Dünger. Unerach. tet des Futermangels stellt doch ein Bauer, der kaum 8 bis 10 Wannen Heu und Oehmd eingeheimset hat, 4, 6 auch 8 Pferde 4 Kühe, 2 Ochsen und 6 bis 10 Stük Schmalvieh des Win. ters auf, und füttert's mit Stroh, so dem Melkvieh alsdenn im Februar mit etwas wenigem Heu vermischt wird. Bey diesen Umständen wäre die Anpflanzung der Futerkräuter, des Klees, der

Espers, der Luzerne ꝛc. etwas sehr nöthiges und nützliches, sonderlich auf den Wechselfeldern. Der Aelpler hätte nicht nur einen wahren Nuzen von seinen kärglichen Wechselfeldern, ohne Abbruch der Vieh- und Schaafwaiden; er erhielte nicht nur besser Futer für sein Vieh im Winter, sondern auch mehr Nuzen von dem Viehstand selbst und machte eine grosse Erspahrnuß an Stroh, welches er sodann zum Streuen gebrauchen, und wovon er desto mehr und besseren Dünger erhalten könnte. Im Zwifaltischen ist der Anbau des Espers ieglichem Bauer anbefohlen, und sie befinden sich recht gut dabey. Mit dem dreyblätterigen Klee hat man bisher Versuche mit Vortheil gemacht: jedoch, weil dieser die beste Aecker erfordert, und übel zu dörren ist, so bauen ihn nur solche Bauren, die viel Vieh und viele Aecker haben, nur damit sie des Sommers etwas in die Krippe zu futern haben. Dieser geräth auf der Alp so gut als im Unterland, der Esper aber kan einen solchen Grad des Gedeyhens nicht haben, weil die Aecker zu wenig Grund haben, oder zu sauer sind. Doch hält er 8 bis 10 Jahre, und immer wäre dieses noch Nuzen genug von den Wechselfeldern.

Daß auf den Alpenhöhen viele und darunter viele theils seltene theils vorzüglich nüzliche Pflanzen wild wachsen, lässet sich zum voraus vermuthen; hier will ich vorläufig nur einige nennen. Artemisia, absynthium; in gröster Menge an den Bergen des Seeburgerthals; Cicuta major in der Gegend von Münsingen, Auingen und Bettingen, viele Arnica im Hardt Asclepias hirundinaria an den Bergen: dieses wächset so häufig, daß es sich der Mühe lohnt, im Spätjahr den Saamen zu

Drittes Heft.   C   samme sammlen, und Oel daraus zu schlagen. Atropa belladonna wachßt in allen neuen Hauen der Alp ebenfalls so häufig, daß der Saame davon gesammelt, und ein (stinkendes, betäubendes) Oel darausgeschlagen wird. Helleborus fœtidus, an allen Alpbergen in Menge. Gentiana major, auf der Alphöhe überall, besonders in der Gegend Offenhausen und S. Johann. Imperatoria Ostrutium. Peucedanum. Valeriana phu. Polygala amara. Iacea tricolor auf den Aeckern bey Zülben häufig. Pulsatilla, Anemone pratensis im Seeburgerthal. Laserpitium latifolium in hohen Bergen und ihren schattigten Gegenden. Allerley Arten von Ophrys in den Bergen auf offenen Haiden in der Gegend von Urach. So viele Acetosella, daß er sich lohnte, sie zu Salz zu sammlen. Allerley Arten von Orchis, besonders die wohlriechende Orchis, und die schöne Gentianella in Menge, auch vieler Trüffel (Lycoperdum.) Aristolochia Clematis bey Beinpflingen; Asphodelus, Cardopatium und Filix in Menge. Polypodium; Polytrichum aureum; Linum Catharcticum; Aconitum Lycoctonum bey Georgenau am Fuß der Berge auf der Mittags-Seite, Alkekengi, (Halicacabus) in den Bergen um Urach. Auf der Alp und in den Thälern aber eine unzählige Menge Erdbeeren, welche besonders schmakhaft sind, und auf viele Stunden Wegs, bis Stuttgardt, zum Verkauf gebracht werden, wodurch sie den Armen einen einträglichen Nahrungszweig abgeben. Diese Beere sind mehrmal noch im September anzutreffen; auch viele Himbeere und Braunbeere; und sonst beynahe alle Pflanzen, wenige ausgenommen, die sonsten auch anderwärts im Herzogthum Wirtemberg wachsen. Nur trift man auf der ganzen

Alp

Alp keine gemeine Camillen an; so ist auch die Wachholder=
Staude ganz nicht allgemein, die man erst auf der Alp gegen
der Eck hin, und gegen dem Zechingischen wildwachsend
findet.

Thier=Reich.

Jn den vielen Wäldern der Alpen und ihren Gegenden,
hält sich vieles Wild auf, welches zum Theil daselbst gehekt
wird. Doch ist es nicht mannigfaltig, denn man trift dort
nichts an, als viele Hirsche, die sich durch ihre vorzügliche
Grösse, und starke Gewichte, die sie aufhaben, vor allen Hir=
schen des übrigen Landes weit unterscheiden, Rehe, Füchse,
Hasen (welche vorzüglich grösser sind, als die unter der Staig)
Schweine die aber oft ganz fortziehen, hingegen auch wieder
kommen. Besonders hat die Alp an Wildpret einen Ueberfluß
im Uracher Forst um Gravenek, wo dasselbe zu 100 bis 2
300 Stücken auf dem schönen Hirschplan beysammenlauft,
ohne sich vor den Menschen zu fürchten. Sie werden allda
zur Winterszeit mit Heu und Haber gefütert und stehen wie
anderes zahmes Vieh den Tag über in den besonderen Hirsch=
hütten an der Rauffen, springen auf den Ruf zu 50 bis 100
Stücken vor die Fenster des Burgvogts her, und lesen den aus=
gestreuten Haber auf. Sie sind so zahm, daß man unter ih=
nen wie unter einer zahmen Viehheerde herumlauffen kann.
Doch starke Hirsche suchen ihre Azung selbst in den Wal=
dungen, und sind zur Sommerszeit, wenns gute Pürschzeit
ist, schüchtern, und halten sich verstekt. Die vornehmste Wild=
fuhr ist in der Graveneker=Rauhen S. Johannis=Klein=
Engstinger=Wittlinger=und Zaininger Huth. Danwild=

C 2 pret,

pret, gibt es gar nicht. Viele Dachse, Fisch=Otter, Stein=
Marder, (selten Edelmarder) Iltiffe, Igel, Wiesel, viele
Eichhörner von zweyerley Farben, wilde Kazen, Maulwürfe,
Haselmäuse, Fledermäuse rothe Fledermäuse mit weisser Brust.
In den Häusern auf der Alp sind die Hausmäuse eben so häu=
fig, als anderwärts; desto seltener sind die Ratten. Eidechsen,
Kröten, Frösche ꝛc. kommen dorten wie im ganzen Lande vor.

Von zahmen vierfüssigen Hausthieren findet man auf der
Alp viele Pferde, welche daselbst gezogen worden. Sie sind
lauter Abkömmlinge von guten Hengsten aus den Herzog=
lichen Marställen: denn es ist auf der ganzen Alp keinem Ei=
genthümer erlaubt seine Stutte von einem anderen Hengste
sprengen zu lassen; dafür bezahlt er eine Kleinigkeit von einem
Gulden. Zur Erleichterung und Begünstigung dieser Pferd=
zucht kommen iedes Jahr auf den 1 Tag März eine Anzahl
Herzoglicher Hengste, welche auf längst angenommene Beschel=
pläze verhältnismässig vertheilt werden: sodann werden die
Stuteninnhaber mit ihren Stuten auf ihre ihnen angewiesene
Beschelpläze auf einen ihnen bestimmten Tag zusammenberuffen,
ihnen die vorhandene Beschel=Hengste vorgezeigt, und hierauf
ein förmlicher Durchgang gehalten, bey welchem iedem frey
stehet für seine Stute, die er belegen lassen will, (denn es
wird keiner genöthigt) sich einen selbst gefälligen Hengst zu
wählen. Hierüber wird ein genaues Register geführt, und in
der Folge, (um der Inconvenienz willen) keinem erlaubt,
seinen sich vorhin gewählten Hengst gegen einem anderen um=
zutauschen. Wenn nun seine Stute anfängt zu rosseln, so
wird sie so oft auf den Beschelplaz gebracht, bis sie den im=
mer mit gegenwärtigen Probierhengst nicht mehr zuläffet, wel=

che^s

ches für ein Zeichen, daß sie nun trächtig seye, genommen
wird. Den 1 Junius jeden Jahres ziehen diese Beschelhengste
allemal wieder in den Herzoglichen Marstall zurücke.   Weil die
Alp um der vielen und vortreflichen Waiden willen auf den
daselbst vorkommenden Halden und in den Waldungen so vorzüglich zur Pferdezucht ist, so ist nicht nur zu Marbach und
Offenhausen das Herzogliche Hauptgestüt angelegt, woselbst
die schönste Mutterstuten unterhalten, und jährlich von obigen
Hengsten beleget werden; sondern es werden auch die jährlich
daselbst fallende Vohlen (die Hengstvöhlen nach Urach, und die
Stutenvohlen nach Einsiedel) abgegeben, woselbst sie 3 Jahre
lang bleiben, und in den Herrschaftlichen Vohlen-Stallungen
nach dem Alter gestellt werden.   Dieses geschiehet jedes Jahr
zur Zeit des Vohlen-Abstosses, welcher gewöhnlich der 1 Au-
gust ist.   Die Hengstvohlen werden im Frühling sobald das
Gras hervorsticht, von Urach aus auf die Alp nach S. Johann, in den in einiger Entfernung davon stehenden Voh-
lenstall gebracht, und daselbst von eigenen Vohlenhirten, bis
ins Spätjahr, wenn jenes wieder abstirbt, von früh Morgens
an, bis des Abends spath, auf den ihnen angewiesenen passen-
den Waidplätzen frey gewaidet, nur die heisseste Mittagsstunden
im Schatten gehalten, und des Nachts in die Stallungen getrieben, wo sie nur ganz weniges kurzes Futer bekommen.   Bis
zum Abstoß lauffen sie mit ihren Müttern auf den Waiden der
Hauptgestüter, welche nach diesen aber den Mutterstuten allein
überlassen werden. Auch diese haben, wie leicht zu erachten ihre
Hirten, und ist auf jedem Stuttenplaz zu Marbach, als dem
ersten Hauptgestüt, und dem 2 Stunden Wegs davon entlegen-
sten Stutenplaz, Offenhausen, ein Stutenmeister, wie auf

C 3   den

den Bohlenpläzen Urach und Einsiedel ein Bohlenmeister mit
den erforderlichen Knechten angestellt: welche nicht nur die Un-
teraufsicht und Verpflegung über das Gestüt unter höherer
Aufsicht der Beamtungen Münsingen und Offenhausen,
und der Oberaufsicht des Oberstallmeisters haben, sondern auch
noch die Pferdarzneykunst verstehen müssen.   Wenn die Wai-
dezeit vorbey ist, so werden die Stuten sowohl als die Bohlen
in die ihnen angewiesene Winterstallungen, welche für die
Hengst-Bohlen in der Stadt Urach sind, bis wieder zum Frühjahr gebracht und daselbst gefütert.   Mit 3 Jahren werden alsdenn die Bohlen von den Waidpläzen in die Herrschaftliche
Marställe abgegeben.   Daß die Stuten und Bohlen ihre Stallungen an Orten haben, wo nicht nur genug sondern auch reines Wasser ist, versteht sich von selbsten; da aber weder zu S.
Johann, noch auf dem benachbarten Bohlenstall Quellwasser
fliesset, so wird solches durch ein Kunstwerk dahin gebracht.
Nemlich in der Mitte eines Alpberges, oberhalb einem vor
mehreren 100 Jahren zerstörten Kloster, Güterstein, entspringt
eine reichhaltige reine Wasserquelle; diese treibet durch ihren Fall
nicht nur ein daselbst angebrachtes Wasserrad, sondern gibt
auch noch Wasser genug her, um es durch ein Pump- und
Teichelwerk den steilen Alpberg hinauf, und nach jenen 2 Gegenden zu bringen, wovon daselbst Röhrbrunnen angebracht
worden.   Zur Unterhaltung dieses künstlichen Wasserwerks ist
zu Güterstein ein eigentlicher Brunnenmeister angestellt, welcher auch daselbst wohnet.   Bey der Herrschaftlichen Pferdezucht,
ist auch noch dieß zu merken, daß man ihr Abkommen nach
Vater und Mutter auf mehrere Grade in aufsteigender Linie
richtig bemerkt und anzugeben weißt.   Zur Begünstigung und
Er-

Erleichterung der Pferdezucht auf den Alpen hat jede Ortschaft eine Pferdwaide, wo die Pferde, wenn sie keine Dienste thun, frey gewaidet werden: es dörffen aber keine Hengste auf diese Waiden gelassen werden. (Von den Alp-Pferden s. die Gegend um die Erms.) Die Pferde auf der Alp haben übrigens durchgängig gesunde starke Natur und Knochen: da hingegen die Steinlacher Pferde, die schöneren und schlankeren Wuchs haben, weich, schwächer in Nerven und flüssig in Füssen sind. Bey jenen mag es von den trokenen Waiden, bey diesen aber von ihren meistentheils sumpfichten Waiden, und von dem vielen Stehen in den Ställen hauptsächlich herrühren.

Die Schaafe sind auf der Alp vorzüglich zu Hause; auch merklich grösser, als die Schaafe des Unterlands. In dieser Rüksicht ist auch die Schaafzucht daselbst aller Aufmerksamkeit wehrt. Um der vielen trokenen überhaupt vortreflichen Waiden willen werden daselbst unglaublich viele Schaafe unterhalten, und gedeyhen dabey vorzüglich. Sie kommen daselbst nie in keinen Stall, sondern sind Tag und Nacht im freyen Felde, bis sie der Schnee (also nicht der Winter) in die Stalljungen treibt. Sobald derselbe weg ist, fahren sie schon wieder aus, und bleiben, bis sie von demselben wieder in den Stall getrieben werden, wieder Tag und Nacht im freyen Felde. Weil ihr Gedeyhen daselbst so groß ist, so sind die vor 3 Jahren aus Spanien hergeholte Sevillische und Französisch-Roussillon'sche Schaafe auch dahin und nach der Herrschaft Justingen gethan worden, wo sie bis jezt noch ohne allen Anstoß gut fortkommen. Die vielen Schaafe auf der Alp sind dem dortigen Landmann um ihrer Dungung willen, (Pförchs) von ausserordentlichem Nuzen; denn es sind daselbst viel mehr

Feld-

Feldgüter, als zu ihrer Besserung erforderlicher Dung von
anderem Vieh erzeuget wird: auch haben dieselbe viel mehr, und
besonders hizige Düngung vonnöthen als im Unterland. (In
Urach bestehet ein Schäfer-Fest, welches dem zu Marggrö-
ningen vollkommen gleich ist: es wird nur alle 2 Jahre auf
den Feyertag Jacobi gehalten, an welchem Tage zugleich ein
Krämermarkt abgehalten wird.) Wie im Unterlande das
Futer zur Winterung wächßt, so hat die Alp desto vortreflichere,
fette, gesunde und trockene Waiden im Sommer; daher die Communen ihre Schaafwaiden verleyhen, und für jegliches Stük
wenigstens 1 fl. höchstens 2 fl. Waidgeld erhalten, daß eine
Commun, deren Schaafwaide in 3 Jahren 7 bis 9000 Stücke
Waare erträgen kann, 1000 bis 1500 fl. erlößt, je nachdem
auch die Waide zum Fettmachen tauglich ist. Eine Waide,
die vor 20 und mehreren Jahren 300 fl. in 3 Jahren kostete,
gilt bey jeziger Zeit 1000 bis 1200 fl. und mehreres, welches
Geld zu den Burgermeister-Cassen gezogen, und zu öffentlichem
Nuzen verwendet wird. 20 Alpörtern trägt die Schaafwaide
in 3 Jahrgängen wenigstens 30000 fl. baares Geld, ohne den
Pförchgenuß! aus welchem auch wenigstens 2000 fl. erlößt
werden.

Rindvieh, besonders Melkvieh, hat es auf den Alpen
ziemlich. Da aber daselbst wenige Wiesenthäler sind, also weniges Heu und Oehmd (Grummet) erzeuget werden kann, und
die wie wohl viele vorhandene trockene Waiden wenig Azung
verschaffen; überdies das Vieh im Frühjahr erst spath ausgelaß-
sen werden kann, und im Spätjahr desto bälder um der Win-
ter-Kälte willen in Stall gesprochen wird, woselbst es hernach
mit halb Stroh und mit halb Heu, vieles nur mit Stroh
allein

allein gefütert zu werden pfleget: so gibt es, wie leicht begreif-
lich ist, wenig Milch. Mithin ist daselbst kein auch Ueberfluß
von Butter und Milch; denn jeder Eigenthümer gebraucht beydes für sich in sein Haus selbst. An vielen Orten muß das
Vieh Sommers noch beschwerlicher durch Grasrupfen, (auf
den Aeckern nennen sie es Kräutern, eine sehr mühsame und
wenig ergiebige Arbeit für die Weibsleute) Winterszeit aber
mit Stroh und weissen Rüben erhalten werden, bis es käl-
bert, da es erst Mäderheu bekommt. Ochsenvieh ist zwar
auch vorhanden, ist aber lange nicht so zahlreich, als die
Pferde. Ueber dieses ist es Winterszeit um des auf den Alpen
vorkommenden vielen Schnees und Eises willen nicht allgemein
zu gebrauchen; so daß manche Ortschaften daselbst sind, wo die
Ochsen wirklich selten sind. In den Thälern hingegen sind
desto mehr Ochsen und desto weniger Pferde. Das Alp-Rind-
vieh ist im Durchschnitt merklich kleiner, als im Unterland,
die beyden Schweizereyen auf dem Pfählhof im Uracherthal und Uglisharterhof bey Böringen ausgenommen. Alles
Rindvieh wird auf der Alp auf die Waide getrieben, und es
hat hier keine Stallfüterung statt. Die Kunstgräser können
theils um der Witterung, theils nm der Wildfuhr willen, nicht
eingeführt werden, den Esper ausgenommen, welcher dort wild
wächset. Morgens nach Aufgang der Sonne fähret der Hirt
aus — um 10 Vormittags wieder nach Haus — gegen 3 Uhr
Nachmittags wieder aus, und gegen Sonnen Untergang wieder
ein. Daher wird auf der Alp täglich 3mal gemolken, diese
Milch ist aber nicht so fett, als die in den Thälern. Das
Melkvieh hat der Uelpler oft mehr um des Staats oder Dun-
ges, als um des Nuzens willen, weil gewiß 4 Kühe nicht so-

C 5

viel

viel Milch geben, als 2 im Unterland, und vor dem Kälbern
gemeiniglich 13. 14 Wochen ohne Milch stehen, und also ihr
Futer ganz umsonst fressen. Jedoch macht der Bauer für sei-
Haushaltung Milch Butter und Schmalz genug, und wenn er
5. 6 Kühe, und wenige Kühe hat, so ist die Bäurin an manchen Orten stolz darauf, daß sie für 6. 8. fl. Schmalz verkauffen kann. Weil es viele Waiden auf den Alpen hat, so haben an den meisten Orten 1) die Pferde insgesammt; 2)
Ochsen und Stiere; 3) Kühe und Rinder; 4) Kälber; 5)
Gaissen; 6) Schweine; und 7) die Gänse, jede Gattung ihre
angewiesene Waidgänge. Aus diesem erhellet, wie viele, und
wie grosse Allmand Pläze auf den Alpen vorhanden, die nur
zu Waiden bestimmt sind. Wenn die Ochsen zur Sommerszeit des Abends aus dem Joche gespannt sind, so werden sie an
vielen Orten auf die Waiden getrieben, wo sie des Nachts über
waiden, und des Morgens von da aus wieder unter Joch
genommen werden.

Gaissenvieh kommt auf den Alpen vieles vor, wo es
vorzüglich gedeyhet. Auch in den Thälern ist vieles, weil hie-
selbst die meisten Waidpläze an den Bergen herum sind.

Schweine hat es auch auf den Alpen; sie werden aber
nicht in besonderer Menge gezogen, und machen daher den un-
beträchtlichsten Theil von Hausthieren aus.

Esel kommen nur bey den Müllern vor.

Das zu einer Land-Oekonomie nöthige und nüzliche Ge-
flügel, als Gänse, Enten, Hüner rc. sind auf den Alpen in
Menge.

Unter dem wilden Federnvieh ist auf der Alp ausschließ-
lich (der gröste Vogel) der Uhuh, der Stein-Adler, die Man-

del

belbeere, und das kleine Hohlkehlchen, welches merklich kleiner
als der Zaunkönig, und kaum grösser ist, als ein grosser Co-
libri. Neben diesen sind alle Gattungen von Raubvögeln daselbst anzutreffen. Besonders sind immer viele Reiger in den
Thälern, wo Flüsse fliessen: vornemlich häufig auch bey dem
Stuttenhof Marbach, daher ein Wald dabey der Reigerwald
genannt wird und Dohlen, welche ihr Heimwesen in grossen
Felsenritzen haben. Hasel=und Rebhüner gibt es sehr wenige;
Auerhanen und Birkhüner gar nicht. Fasanen findet man nur in
einigen Waldungen bey Mezingen, wo sie sich selbst überlassen sind. Von Strichvögeln kommen Schnepfen, Wachteln,
Kramets=und Halbvögel, Lerchen, alle Gattungen von Schwal-
ben, Enten, Störchen vor; diese nisten aber nur in den Alpthälern. Ueberhaupt finden sie sich auf der Alp etwa 10 Tage
später, als unter derselben ein, nehmen auch 8=10 Tage
früher ihren Abschied wieder. Der Schnepfen=und Lerchen-
fang ist nicht gewöhnlich, auch nicht wohl thunlich, um der
starken Winde willen, welche zur Frühlings — und Herbstzeit
wehen, unerachtet diese schmakhafte Vögel sich gerne auf der
Alp aufhalten. Eine Nachtigall wird nicht leicht angetroffen
werden.

Die Alpflüsse führen keine andere Fische, als Forellen,
Goldforellen, Gruppen, Weißfische, und neben diesem, die
Erms auch noch Neinaugen. Hie und da in den Bächlein
sind Grundeln, und etwas wie wohl nur kleine Krebse. Edel-
krebse führet die Lauter auf der Alp von ansehnlicher Grösse.

Von Insekten, Gewürmen rc. Schneckengattungen trift
man keine andere an, als wie sie im ganzen Lande vorkommen. Die Schnecken mit Schalen sind in den Waldungen
sehr

sehr häufig: man sammelt sie des Sommers in besondern Schneckengärten wo sie, bis sie sich gegen dem Winter mit einem Deckel schliessen, gefütert werden: es wird sodann damit ein Handel bis nach Wien getrieben. Unter die schädliche Insekten gehöret die Blattlaus, (aphis) welche je und je vom Frühjahr bis Ende des Junius die fruchtbare, allermeistens aber die Zwetschgen Bäume von ihrem Laube so ableeren, daß die Früchten nicht gedeyhen. Der Landmann nennet sie den Fresser; in diesem Falle sind die Blätter der Bäume mit Millionen dieses Geschmeisses behängt.

Das nützliche Insekt die Biene, kann um des Klima willen auf der Alphöhe nicht recht gedeihen: in den Thälern kommen sie besser fort. Man weißt sie jedoch nicht anders, als nach der alten Art zu behandlen, da man ihren Honig durchs Tödten gewinnt. Dieser ist aber vortreflich. Mit Anfang des Winters muß man die Körbe nach Haus nehmen: man stopft also die Fluglöcher, und stelt sie in Kammern. Im Monat Mätz werden sie wieder ausgestellt. Die Körbe werden auf den Bergen mit Leimen ganz überstrichen: oft muß man sie bis in den May, oft noch länger fütern. Wo sie fortkommen (am meisten leiden sie von Winden, die ihre Hauptfeinde sind), werden sie gut, und für 7 bis 9 fl. das Stük bezahlt, Standbienen aber für 5 bis 6 fl. Wer 2 Stöcke hat, die ihn 10 fl. kosteten, kann bey guten Jahrgängen in Zeit von 1 Jahr vor 18 bis 20 fl. verkauffen! und doch noch 2 auf dem Stande behalten. Die Gönninger Handelsleute, welche die gesammte Alpen durchwandern, treiben von Honig einen beträchtlichen Auflauf.

Der

Der Aelpler
nach seinen Beschäftigungen.

Der Ackerbau ist einer der vorzüglichsten Nahrungszweige, des Aelplers, jedoch nicht so ergiebig als in wärmeren Gegenden des Gäues und Unterlandes, und dabey so kostbar, daß ihm sein Gewinn durch das benöthigte Zugvieh sehr geschmälert wird. Dennoch ist der Erlös aus Früchten beynahe die einige wenigstens die Hauptquelle, welche die Haushaltung des Landmanns erhält: auch gibt es Bettelarme Leute verhältnißmässig gegen die Städte, oder gegen das Unterland weit weniger, in manchen Orten gar keine. Neben anderen unten anzuzeigenden Ursachen rühret es daher, daß die Burgerschaften größtentheils klein und geringe, die Markungen hingegen verhältnißmässig sehr groß sind, meistens grösser, als die im Unterland, da die Dörffer und Flecken näher bey einander liegen. Ein Dorf von 30 bis 60 Burger kann eine Markung baubarer Felder von 1200 bis 1800 Morgen haben, da ein Dorf von 200 Burgern im Unterland oft nur 800 bis 1200 Morgen hat. Hernach obschon auch auf der Alp die Zahl der Einwohner seit 50 Jahren beträchtlich zugenommen, so kan sie doch nicht so stark, wie im Unterland anwachsen, weil Unterländer sich gar selten auf die Alp verheyrathen, hingegen die Aelpler weit eher und lieber hinunter ziehen. Weil nun nur die Aelpler sich unter einander verehligen, und die meisten Ortschaften nichts als Hof-Lehengüter haben, die nicht getrennt werden darffen, so werden die Burgerschaften nicht so schnell vermehrt, und wenn es geschiehet so können mehrere Wechselfelder zu Dungäckern gemacht und künftig gebessert werden, daß sie reichlicher tragen.

Auf

Auf den Alpen ist das vornehmste Geschäft des Landmanns, daß er sein Ackerfeld besorgt. Dieses ist für ihn freylich mit Kosten verknüpft; denn es kommt selten ein Feld daselbst vor, wo er nur mit 2, sondern gewöhnlich mit 3 oder
4 auch 6 Pferden ackern muß, weil der Boden zu schwer und
zu steinicht ist. Da sieht man mehrmals 2 Pferde und 1
Ochsen, ja ein Pferd und einen Ochsen neben einander auf
dem Acker gehen. Weil nun nicht jeder Bauer soviel Zugvieh,
als er nöthig hat, zu halten vermag, so spannt ein Bauer
mit dem anderen ihr Zugvieh zusammen, und bauen auf solche
Art im Frieden ihre Felder. Weil es wenige Thäler auf den
Alpen hat, so ist auch der Wiesenbau unerheblich. Nur die
in den Thälern kann man 2mal des Sommers mähen. Hingegen haben sie viele sogenannte Maden (Holzmäder), das sind
mit wildem Holze dünn bewachsene Grasböden, welche nie
gedünget, hingegen des Jahrs nur einmal gemähet werden.
Freylich ist das Gras dünne und kurz, weil der Boden auch
nicht einmal gewässert werden kan, aber ein Habermässiges
Futer. Auch ausgestokte Wälder, oder weit entlegene Aecker,
die 20 30 und mehrere Jahre nicht gebaut werden, Waiden
die nur zu gewisser Zeit, und erst nach Jacobi oder Bartho-
lomäi dürffen befahren werden, diese werden vor der Erndte
noch abgemähet; geben aber freylich schlechtes Futer, und noch
über dieses so wenig, daß öfters der Lohn für die Taglöhner
noch weit mehr kostet, als das Futer wehrt ist, das man hievon auch von den eigentlichen Holzmädern bekommt; jedoch ist
der Ertrag davon einige Beyhülfe für den Landmann, der wenige Wiesen, und doch Vieh halten will. Die Holzmäder sind
entweder Allmanden, wie das Hardt, zwischen Münsingen,

Zainingen, und Ennabeuren, und der Zeuberg bey Onstmettingen uud Pfäffingen: oder es sind Privatgüter, da
öfters ein Bauer in seinem Guth 10 bis 80 dergleichen Holzmäder haben kann. Im Herbst werden sie zu Viehwaiden benuzt, und darffen nicht gedungt, wenigstens nicht zu Oemd-
wiesen gemacht und als solche benuzt werden, wenn das Onus
einer Waidgerechtigkeit darauf haftet.

Wenn es lange Winter mit vielem Schnee und Eis gibt,
so leidet die Wintersaat so stark, daß viele 100 Morgen Ackers,
je mehr oder weniger, im Fruhjahr ausgeäbret (d. i. umge-
ackert) werden müssen. Alsdenn wird der Acker gemeiniglich
mit Gersten, oder mit Haber oder Flachs eingesäet. Der Ver-
lust dabey ist die erste Saatfrucht und die gedoppelte Mühe.
Die Erndte ist auf den Alpen 14 Tage, auch 3 Wochen
späther, als im Unterland. Im September muß der Acker.
schon wieder mit Winterfrucht eingesäet werden, im October
es erst zu thun, ist schon gewagt.

Es ist wohl kein Alport, welches nicht eine grosse Morgen Anzahl sogenannter Ausfelder hat. Dieses sind Felder,
welche an ihren entfernten Markungsgränzen liegen. Sie werden wie Wechselfelder behandelt; denn es kommt nie kein Dung
dahin, sondern wenn sie 6 bis 8 Jahre lang ungebaut gelegen
sind, so werden sie umgebrochen, und 2 höchstens 3 Jahre hinter einander eingesäet; alsdenn bleiben sie wieder liegen. Dergleichen sind viele 100 auf den Alpen, ja eine Commun kan oft
zu jeglicher Zelg 300 bis 400 dergleichen Wechselfelder haben.
An einigen Orten bleiben sie 9 Jahre wüst liegen, und werden
zu Waiden gebraucht, hernach die anderen 9 Jahre mit den
Dungäckern nach Zelg, oder Oeschweise, gebaut. Oft sind sie
se.

so beschaffen, daß wenn sie näher beym Ort lägen, und ge=
dungt werden könnten, sie recht ergiebig würden, manche aber
tragen oft schon im 3ten 4ten Jahre die Saamfrucht nimmer;
besonders wenn die Witterung, die gemeiniglich auf der Alp mehr
als im Unterland mißlich ist, sich nicht recht günstig erzeiget.
Es ist auch um der Entfernung, und um des Mangels der
Besserung willen mit solchen Feldern nichts anderes anzufangen,
als wenn lauter einzelne Familien sich auf denselben anbaueten
und kleine Sennereyen errichteten: nur auf diese Weise könn=
ten sie zu grösserem Ertrage gerichtet werden.

Um der steinichten Aecker willen können keine Wende=
pflüge, wie in den leichten Böden, gebraucht werden; sondern
Setzpflüge, an denen das Riesterbrett, das die Furche aufwirft,
immer an einer Seite befestigt bleibt: deswegen muß der Bauer
an der Seite des Ackers hinauf, und an der anderen Seite
desselben wieder herunterfahren, bis die Furchen in der Mitte
des Ackers zusammenkommen, und zulezt eine Mittelfurch ma=
chen; daß also, wenn ein Acker im Unterland nur auf ieder
Seiten eine Furche bekommt, die auf der Alp 3 bekommen,
nemlich an beyden Seiten und in der Mitte. Ist aber der
Acker breit, daß der Bauer von einer Seiten bis zur anderen
den Pflug weit tragen müßte, (welches nicht nur viele Mühe
sondern auch Zeit kostet) so wird der Acker in Beete getheilt,
jedes besonders geackert, und auf solche Art bekommt er her=
nach mehrere Furchen, welche Aecker Beetleins=Aecker ge=
nennet werden.

Wenn der Feldbau vorbey, und aller Ertrag eingeheimst
ist, so ist nichts weiter für den Aelpler zu thun übrig, als
den Dresch zu besorgen. Weil nun hiezu wenige Hände erfor=
dert

dert werden, so gibt sich alsdenn die ganze übrige Familie mit
Flachsspinnen ab. Da spinnt Mann, Weib, Sohn, Tochter,
Knecht, und Magd, entweder um den Lohn, oder, welches
noch einträglicher ist, den eigenen oder gekauften Flachs, und
verkauft die Schneller an den Weber. Dieses ist das eigentliche Wintergeschäft der Alpenbewohner, welches Nacht vor
Nacht bis 11 Uhr fortdauert. Kommen mehrere Feyertäge,
wie z. B. die Weyhnachtfeyertäge, auf einander, so wird eine
Durchnacht gehalten, d. i. man gehet gar nicht zu Bette, sondern spinnet die ganze Nacht durch. Hiebey tretten die Familien von mehreren Häusern in einer Stube zusammen, und
arbeiten bey einer Oehl-Lampe mit einander in Gesellschaft.
Durch dieses Geschäfte wird die weitläufige Leinenweberey sehr
begünstiget. Andere der Alpenbewohner geben sich den ganzen
Winter mit Holzfällen in den Waldungen ab; andere sind
Handwerksleute, die auf ihrem Handwerk arbeiten. Die Thal-
bewohner haben neben dem Acker- und Wiesenbau noch Weinberge zu besorgen. Zwischen die Leinespinnerey wird auch
Wolle gesponnen, weil viele Zeug- und Tuchmacher, auch
Strumpfstriker und Strumpfweber in Urach, Münsingen,
und Mezingen, etablirt sind. Besonders geht die Strumpf-
strickerey stark in Münsingen, die Strumpfweberey aber in
Urach und Mezingen.

Ueberhaupt genommen, und die eigentliche Alpen betrachtet, sind Handwerksleute und Professionisten, ohne liegende
Güter, die den hauptsächlichsten Theil der Nahrung ausmachen
und verschaffen, nicht besser als Taglöhner, die einzige Weberzunft ausgenommen. Auf den Dörffern haben die für den
Bauernstand nöthige Handwerksleute: Schneider, Schuster,

Drittes Heft.　　　D　　　Wagner

Wagner, Schmiede, Sattler ꝛc. keine andere, als Kundenar-
beit, und der Bauer, der ohnehin, bis er sein Schiff und
Geschirr, auch Zug im Stand erhält, seine Steuren, Gülten,
Zinsen, und andere Anlagen bezahlt hat, kein Geld mehr für
den Handwerksmann übrig behält, verdient diesem seine Arbeit
mit Führen, Ackern und Frohnen ab, daß derselbe auf solche
Art selten ein Stük baares Geld in die Hand bekommt. Die
Handwerksleute selbst sind blos grobe Bauren. Arbeit zu verfertigen im Stande, und wer etwas feineres verlangt, muß sie
aus den Städten kommen lassen: und mit solchen Arbeiten
verdienen sie auch wenig Lohn. Die Handwerkspursche bringen
die meiste Zeit, da sie sich zu ihrer Profession profektioniren
sollten, mit Bauerenarbeit zu, treiben ihr Handwerk als eine
Neben-Sache, und wenn sie endlich aus Noth wandern, so
kommen sie eben so ungeschikt wieder zurücke. Becker sind meistens blos um der Wirthe willen da, in vielen Orten gar keine,
weil die meisten Haushaltungen ihr Brod selbst backen, und
die wenigsten es kauffen. Mezger auf Dörfern sind überflüssig,
weil der Bauer nie keinen bedarf, als wenn er zur Winterszeit sein Schwein mezget, und weil er nie kein frisches Fleisch
genießt, als etwa bey Hochzeiten, Kirchweyhen ꝛc. und endlich
weil sich die Vieh-Mastung um des Futer-Mangels willen von
selbst verbietet; denn Heu und Haber muß entweder versilbert,
oder ins Zugvieh verfutert werden.

Luxus.

Da der Erdboden auf den Alpen so sehr undankbar in
der Fruchtbarkeit, und daselbst so ganz wenige Gelegenheit zum
Actirhandel ist, so folget von selbst, daß auch kein grosser

Reich-

Reichthum daselbst anzutreffen seye; wie hingegen der Arme mit seiner Handarbeit bey der starken Leinwandfabrication, wenn er nur will, sich seine tägliche Nahrung verschaffen kann. In dieser Rücksicht hat also auch ganz kein Luxus auf den Alpen statt. Der gemeine Mann begnüget sich mit seinen Milch- und Mehlspeisen, und seinem Haberbrey, und ist dabey vergnügt; trinkt dazwischen aber gemeiniglich nur des Sonn- und Feyertags ein Glas von dem in dortigen Thälern wachsen- den Wein und ist dabey eben so lustig, als der Unterländer bey seinen Neckarweinen. In Kleidung ist er mit seiner gan- zen Familie sehr einfach und prachtlos. In den Werktägen trägt er seinen weissen oder schwarzen Zwilchkittel über einem groben rothtüchenen Wammes, und an Sonntägen seinen brau- nen, blauen oder graulichten groben tüchenen Rock mit zin- nernen oder mössingenen glatten Knöpfen, einen schwarzen Hals- flor, weiß oder schwarz lederne Hosen, schwarze wollene Strüm- pfe, grobe Bauren Schuhe mit weissen oder gelben Schnallen und einen dreyeckichten groben schwarzen Hut. Die Weibs- leute gehen des Sonntags schwarz gekleidet, und die wenigsten wissen oder haben etwas von Seide oder Silber bey ihrer Kleidung. Caffee ist ihnen weit nach der Mehrheit ein nur denn Namen nach bekanntes Getränke. So essen sie auch äus- serst wenig von Fleisch. Oeffentliche Ergözlichkeiten haben sie, ausser den Hochzeit- und Kirchweyh-Tänzen, keine.

Sittlichkeit.

Da die Alpleute wenigen Verkehr mit ausgesessenen Leu- ten haben, und so ganz unter sich, entfernt von grossen Städt- bewohnern hinleben, so ist auch ihre Sittlichkeit ganz einfach,

D 2 und

und meistens unverdorben. Wenn man mit ihnen bekannt ist,
so lernt man sie als bidere Leute mit vieler teutscher Treue
kennen, welche noch ächte Redlichkeit besitzen, und bey denen
manche Laster, die man anderswo so ungescheuet an sich trägt,
nicht nur fremd sind, sondern auch als Pest verabscheuet werden. Bey Dienst-Erweisungen lassen sie sich mit wenigem be-
lohnen; und lieben und ehren wenigstens doch äusserlich ihre
Religion durch fleissige Besuchung des öffentlichen Gottesdienstes.
Die dieses nicht thun, werden als übel ausgezeichnete Leute an-
gesehen. Die Bewohner der angränzenden Städte, zum B.
Urach, Pfullingen und andere sind dißfalls schon in manchem
anders gesinnet: allein sie bestehen aus Leuten vermischter Hand-
thierung, die nicht immer da wohnten, manchen auswärtigen
Verkehr haben, oder auch wie zu Urach aus lauter Hand-
werksleuten, die in ihren jungen Jahren, und auf ihren Wan-
derschaften umgestimmt werden. Eine ganz eigene Art von
Leuten ist die Einwohnerschaft von dem Uracher Ober-Amts-
Ort Eningen. Man trift daselbst eine Mischung von allen
Europäischen guten und bösen Sitten an. Der Grund davon ligt
darinnen, daß die Männer grossentheils Handelsleute sind, welche
mit ihren Waaren beynahe ganz Europa besuchen: die Leute
kommen des Jahrs nur 2mal, d. i. auf Ostern und Weyh-
nachten, auf etliche Wochen nach Haus; bevölkern aber nichts
desto weniger den Ort so, daß Kirche und Schulen zu klein,
und seit mehreren Jahren ganz neue Gassen von neuen Wohnungen angelegt werden müssen. Die Seelenzahl daselbst über-
trift die von Urach und steiget über 3000. Ueberhaupt aber
besagt die ganze Seelen-Anzahl von Stadt und Amt Urach
ungefehr 27000, worunter Urach, Mezingen und jenes Eningen

gen etwa 9000 faſſen mögen. Eine unglaublich groſſe Volks-
mehrung ſeit dem 30 jährigen Krieg, wo die Alportſchaften ſo
Menſchenleer geweſen, daß an manchen etwa noch 3. 6. 12.
Bürger vorhanden waren.

Bauart.

Wegen Mangel an hinlänglichem Eichen- und Tannenholz
iſt das Bauen auf der Alp koſtbar, wenn man nicht mit Bir-
ken- und Buchen-Holz bauen will, ſo jedoch von keiner Dauer
iſt. Die Häuſer in den Alpthälern ſind alle mit gebrannten
Dach-Platten bedekt, da hingegen die Häuſer der Alphöhe
weitläufig aus einander, und ohne Ausnahme alle mit Stroh
bedekt ſind: Allein die Kirchen, Pfarr- und andere herrſchaft-
liche Gebäude ausgenommen. Das einzige Städtgen Münſingen
hat lauter Dach-Platten-Dächer. Dieſe Strohdächer ſchützen
die Häuſer beſſer Sommers vor Hize und Winters vor Kälte,
und beſonders vor den Wirkungen der Winde, welche eines-
theils die Platten gar oft herabreiſſen, anderntheils zu Winterszeit den Schnee unter denſelben auf die innere Hausböden
unwiderſtehlich hineinwehen, wodurch den Eigenthümern ihr
dort aufgeſpeicherter Frucht-Vorrath verderbt wird. Dieſe Strohdächer ſind aber an ſich eben ſo koſtbar, und ſchwehrer, oder
doch eben ſo ſchwehr, als ein Platten-Dach. Dieſe Strohdächer werden alſo bereitet: wenn ein Gebäude mit ſeinen
Sparren verſehen iſt, ſo werden, anſtatt der Latten, Stangen
von Aſpen, Sallen, und dergleichen weichem Stangenholze,
entweder geſpalten oder auf einer Seite beſchlagen, und an
die Sparren angenagelt. Auf dieſe wird das Stroh mit rothem Leimen, der hier überall gegraben wird, in kleinen Bü-

ſcheln,

ſcheln, oder ſtarken Händen voll aufgetragen, und mit einer
Kelle dicht verworffen, ſo daß der Leimen einen Heere gleichkommt Das aufgetragene Stroh wird mit einem Brette, das
an der einen Seite durch hölzerne Nägel einem Kamme ähnlich iſt, ausgekämt, und mit dem breiten Theil eben geſchla-
gen, unten aber mit einer angeſchlagenen Senſe abgeſchnit-
ten, Zu oberſt wird gemeiniglich Hauswurz in den Leimen gepflanzt, oder auch nur ein Waſen aufgelegt, der ſodann mit
ſeinen Wurzeln den Fürſt zuſammenhält. Vieles Stroh wird
mit Kunſt und Mühe auf dem Dache in lauter dicken Leimengrund Schichtenweiſe von oben bis unten eingelegt, und dauert
nicht länger als 6-8 Jahre, da es ſchon wieder reparirt werden muß. Weil dieſe Strohdächer einen ſo dichten Leimengrund
haben, ſo fällt der Vorwurf von ihrer Schädlichkeit und Gefahr bey Feuersbrunſten völlig hinweg: denn nach ſteten Beobachtungen iſt es ein leichtes, das am brennenden zunächſtſtehen-
de Haus zu retten, wenn nur deſſen Dach recht durchein ge-
nezt erhalten wird; Kaum wird alsdenn das blos aus dem
Leimen freyhervorſtechende Stroh geſenget, das Dach ſelbſt aber
erhalten. Neben dieſem kann man, weil man vom herabſtür-
zen der Dachblatten nicht gehindert wird, ſo nahe als möglich
mit den Feuerlöſchenden Inſtrumenten anrücken, und bälder
durchdringende Hülfe leiſten. *) Die Alphäuſer ſind alle von
Holz

*) Als man bey der ſchröklichen Feuersbrunſt zu Berghülen im J.
1763. auch den Strohdächern (ohne genugſamen Grund) Schuld
geben wollte; ſo wurde zwar befohlen, daß die neuen Wohnungen,
die bald wieder hergeſtelt wurden, mit lauter Blatten-Dächern
verſehen werden ſollten! allein die wenigſten lieſſen ſich abhalten
Gegen-Vorſtellungen zu thun, und um ihren Nuzen und Be-
quemlichkeit zu befördern, anhaltend zu bitten, daß ihnen erlaubt
werden möchte, bey ihren gewohnten Stroh-Dächern zu bleiben.

Holz gebaut und mit Mörtel, manchmal nur mit Leimen aus-
gemauert. Meistens sind sie nur 2 stockicht, doch kommen
auch 3 stöckichte vor, die Stokwerke sind aber äusserst nieder.
Die Wohnstuben sind nach Mehrheit klein, und wenigstens zur
Helfte noch nur mit irdenen Oefen versehen. Weil die Wit-
terlung auch des Sommers in manchen Alpgegenden grossentheils kühl und kalt ist, so ist es nichts ungewöhnliches, daß
das ganze Jahr hindurch in den Stuben-Oefen gefeuert wird.
Hierinnen allein hat ein wahrer schädlicher Luxus bey den Alp-
bewohnern statt, der lediglich durch den Holz-Ueberfluß genäh-
ret wird.

Gewohnheiten.

Als ein Beyspiel der besonderen Gewohnheiten der Alpenbewohner diene die Beschreibung ihrer Ehe-Contrakte. Diese
sind einem förmlichen Handel und Kauf vollkommen ähnlich.
Wenn 2 jungen Leute sich verloben wollen, so tretten beyder-
seitige Eltern mit ihren nächsten Anverwandten zusammen, um
vorher den Kauf abzuschliessen. Der Sohn kauft sodann dem
Vater das Baurengut, nebst Haus, Vieh, Pferden, Schiff
und Geschirre ab, wie ein Fremder, am Kaufschilling darf er
aber sein Heurathgut abrechnen. Ist die Braut ihre Eltern
und Freunde damit zu frieden, so wird der Contrakt aufgezeichnet,
und von allen Anwesenden unterschrieben: wo nicht, so han-
delt man mit dem Vater, bis er genug nach dem Sinne der
Contrahenten fallen lässet; Kann und will sich aber der Vater
nicht bequemen, so verschlägt sich der Handel, und der Sohn
muß seine Geliebte fahren lassen, und eine andere wählen. So
auch umgekehrt, wenn des Sohns Eltern nicht mit der Braut

Heurathgut zufrieden ſind, ſo kann ſie auch wieder ihre Wege ziehen. Das Geld muß alsdenn, wie es angedungen wird, bezahlt werden: gemeiniglich hälftig baar, die andere Hälfte aber zu Zihlern, die oft 50 bis 80 Jahre währen können, ſo daß mancher von ſeinem Großvater und Urgroßvater her noch Zihler zahlen muß. Zum B: an 500 fl. zahlt man etwa jährlich 6 oder 8 fl. zu Zihl. Vom baaren Gelde, und was etwa die Eltern ſonſt noch an Capital und Meubles haben, werden den übrigen Kindern Heurathsgüter gegeben. Der Vater, der ſein Gut dem Kinde verkauft, dingt ſich aus, was das Kind ihme Lebenslänglich für Leibgeding reichen muß; und ſo ligt die Erhaltung und Verſorgung der Eltern und etwa elender Krüppelhafter und zum Ehſtande untüchtiger Kinder demjenigen ob, der das Baurengut käuflich übernommen hat. Ferner dinget der Vater aus, wie lange er noch die Haushaltung führen wolle; und innerhalb ſolcher Zeit iſt der Sohn mit ſeinem Weib nichts als Knecht und Magd; dafür reichet der Vater dem Sohn und ſeinen Kindern, ſoviel er während dieſes ſeines Knechtsdienſtes zeuget, Speiſe und Kleidung, welches alles im Heurathsbrief ſpecificirt wird; und anſtatt des Lohns läßt er ihn etwa 1 Jauchart Ackers mit Dinkel, und 1 mit Haber ſchneiden und den Ertrag zu Geld machen, wintert ihme auch etliche Stücke Vieh, und gibt ihme Flachs und Hanf, oder gewiſſe Ellen Tuch und Zwilch, nebſt Schuh, Leder, und Nägel genug. Gibt nun der Vater ſeine Haushaltung auf, ſo wird er Pfrönder, und die Jungen müſſen ihme alles anſchaffen, ihn auch, wenn er gar nichts zu arbeiten vermag, verſorgen, wie es ausbedungen worden. Auf dieſe Art können manche 12 bis 15 Jahre mit einander in der Ehe leben, und

ſind

sind noch mehr nicht, als Knechte, sonsten aber aller Steuren und bürgerlichen Beschwerden frey, haben aber auch keine bürgerliche Beneficien. Der Braut Heurathgut bestehet in baarem Gelde, proportionirlichem Hausrath, der besten Kuh aus des Vaters Stalle, und einem Schmal-Rind. Ists dem Vater des Bräutigams nicht genug, so wird ein weiterer Handel versucht, oder die Heurath zernichtet, wie sich denn etwa um 1 Paar Schuhe, oder um 15 Ellen Zwilch willen der ganze Handel verschlägt, bis beyde Familien darüber einig werden.

Gesundheit, Krankheit, und Alter der Alpenbewohner.

Auf der Alphöhe hat, im Ganzen genommen, eine starke Gesundheit statt. Unter denen am öftesten vorkommenden schnell lauffenden Krankheiten ist den Aelplern zur Winterszeit der Seitenstich vorzüglich eigen. Sodann sind sie auch Catharr-Krankheiten viel ausgesezt. Schleim-Gallen- und Faul-fieber kommen mit unter auch vor, doch nicht so häufig. Kalte Fieber sind selten. Die Pocken, wenn sie einbrechen, thun grossen Schaden, weil sich das gemeine Bauer-Volk von dem hizigen Behandlen derselben nicht abbringen lässet; Wein zum trinken und heisse Betten und Stuben bekommen die daran erkrankte Kinder ohne Ausnahme; ja manche noch Branntenwein. Goldaderkrankheit kennet man dorten nicht einmal dem Namen nach, die doch den Neckarthalbewohnern so eigen sind. Lungensuchten kommen wohl vor, aber nicht eben häufig. Arthritische Krankheiten sind selten. Vom Podagra weißt der Alpmann nichts. Hingegen verderben sich die Leute durch ihr

kaltes Getränke in dem erhizten Körper ihre Dauungswerk-
zeuge unwiederbringlich, so daß sie an den Folgen davon Le-
benslang zu leiden haben. In den Städten und Dörfern der
Thäler ist die Kränklichkeit schon manchfaltiger, besonders
treffen die Bewohner Urachs alle Krankheiten des Schwäbischen Klima: nur Goldaderbeschwehrden ausgenommen, die da
nur ganz selten sind. Hie und da seufzet ein einzelner manchmal am Podagra. Die verhärtete Körpers-Stärke hat kein
einziger Stadtbewohner, wie die oben auf den Alpen wohnende Menschen. Das gewöhnliche Menschenalter gehet zwischen
60 und 70 Jahre: doch gibt es auch Leute von 80 selten einen
von 90 Jahren, in den Thälern wie auf der Höhe. Die Mor-
talität ist auf den Alpen sehr geringe gegen die Stadt Urach:
denn wenn dorten im Durchschnitt aller Alporten etwa aus
40 bis 50 Menschen einer stirbt, so stirbt in Urach schon der
30ste. Unter anderen ist auch hievon eine Haupturfache mit,
daß die Menschen zu gehäuft auf einander in den Häusern ste-
ken, auch diese zu dicht bey einander stehen.

Klima.

In den Thälern, besonders von Urach an herab ist die
Witterung kaum merklich rauher als weiter herunter in das
Land, und Tübingen gleich. Es wächst daselbst alles, was
weiter herunter gepflanzt wird. Manche Artikel, die eine etwas stärkere Sommershize und baldigere Frühlingswärme for-
dern, mögen alsdenn in der Schmakhaftigkeit etwas zurücke
bleiben. Aber auf den Bergen und der Alphöhe ist sie von
jener sehr unterschieden. Es ist zwar des Sommers zu Tags-
zeiten oben sehr heiß, des Nachts aber empfindet man eben doch
eine

eine deutliche Kühle, die man in Unterland schon leichte Kälte nennet. Die Zugluft hat hier ihre ungehinderte und auf
das besaamte Ackerfeld und zarte Baumwerk immer schädliche
Wirkung. Daher sind die viele tausend kleine Steine auf den
Aeckern unumgänglich nöthig, damit der gute Grund nicht
weggewehet werden kann. Für das Baumwerk aber ist kein
Rettungsmittel zum fortkommen: denn neben den vielen Winden und kühlen Nächten, die besonders in den Haart, das
zwischen Böringen, Münsingen, Ennabeuren und Donnstetten ligt, so heftig sind, daß gar oft, sogar zur Zeit des
Heuens die Mähder bey Tages Anbruch Eis auf dem Grase
antreffen, ist auch an vielen Orten der Boden zu schwehr,
und zu steinicht; und über dieses alles ist die Frühlingszeit viel
zu lange mit nächtlichen Reiffen verknüpft. Diese können zu manchen Jahrszeiten auch mitten in den Sommer-Nächten eintret-
ten; ja es ist so äusserst selten nicht, daß es jeden Monat des
Sommers daselbst schneyet. So fangen dann im September
schon wieder die kühle Nächte und öftere Reiffen an, die sich
sodann mit einbrechender Winterkälte verlieren. Diese stellt sich
daselbst immer früher, als in den Alpthälern ein, und endigt
sich des Frühjahrs oft um 14 Tage, ja 3 bis 4 Wochen späther. Es ist gar nichts ungewohntes, das man in Urach des
Frühlings längst schon in den Gärten eingesäet hat, wenn man
auf der Alphöhe noch Schnee und Eisbahn hat. Freylich ist
es auch eine Schnee Menge darnach, die den Winter über oben
sich niederlegt; diese will alsdenn des Frühlings Zeit haben, bis
sie zusammengeschmolzen ist. Es kommen manchmal 2. 3. und
mehrere Schnee über einander her zu liegen, deren jeder eine
Eiskruste bekommt. Dieses geschiehet wenn des Tages die

helle

helle Sonne darauf scheinet, und die Oberfläche etwas wässe-
richt macht. Hieraus wird des Nachts alsdenn Eis. In dem
Haart stehen die Waldbäume mehrmal bis an ihre Krone im
Schnee; und es ist auch nichts so ungewöhnliches, daß man
an manchen Orten über die Häger und Zäune auf dem Schnee
eben weggehen kann. Sind dann nun die Alpen mit Schnee
bedeckt, so arbeitet die ewige Zugluft immer auf demselben,
daß alles Feld einer offenbaren Schnee-See gleichet. Alle
Straßen und Wege sind beständig überdeckt und zugeebnet, daß
nicht zu reisen wäre, wenn nicht alle Tage wenigstens einmal, oft auch zweymal von einem Dorfe zum anderen mit Bahn-
Schlitten Bahn geschleift würde. Bey leichten, oder brosam-
lichten Schnee und stärkerer Zugluft aber ist dieses Geschäfte
von so kurzem Nuzen, daß eine Stunde hernach schon wieder
alle Bahn zugewehet ist. Alle Vertiefungen der Felder, alle
Hohlwege werden dadurch eben ausgefüllet, und zum Gebrauch
gefährlich und imprakticabel. Wo sie also zur Passage unumgänglich nöthig sind, und der Schnee zu tief ist, so wird mit
Schaufeln eine Bahn durchgebrochen, da ist es alsbann, als
ob man zwischen 2 hohen Mauren durchreisete. Bricht nun
bey Thauwetter auf der Alp die Bahn, und liegt zufällig viel
Schnee auf Schnee, so ist auf einige Tage alle Passage äusserst beschwehrlich, gefährlich, oder ganz unmöglich: Denn zu
solcher Zeit ist für Menschen und Vieh kein einziger Tritt sicher,
weil jezt der eine Fußtritt noch getragen wird, wenn der andere in den tieffen Schnee-Grund hinunterbricht. Da die Alp
eine Kette von Bergen und Waldungen ist, so sind die Nebel
daselbst sehr häufig, und oft so dicke, daß man keine 3 Schritte vor sich hinsiehet. Wie beschwerlich und gefährlich diese

Erschei-

Erſcheinung auf der Alphöhe für Reiſende zu der Zeit iſt, wenn ſie eine offenbare Schnee-See vorſtellet, und alle Bahnen zugewehet ſind, läſſet ſich leicht begreiffen. Dieſer Nebel iſt zu Winterszeit den Waldungen äufferſt ſchädlich: Denn er gefrieret an ihre Aeſte an, und beſchwehret ſie ſo, daß ſie bis auf die Erde herabgezogen werden, und unzählig viele Bäume endlich entzwey berſten. Schön iſt es immer anzuſehen, wenn die Waldungen ſo ſchön weiß kandirt, ſtatt grün, daſtehen. Am allerſchröklichſten für die Waldungen aber iſt, wenn im Spätiahr ſchon vieler Schnee fällt, ehe ſie ihr Laub verlohren haben.. In dieſem Falle brechen nicht nur ganze Aeſte, ſondern ganze Stämme zuſammen, wodurch die Waldungen vorzüglich verderbt werden. Einen gleichen Schaden leiden dieſelbe ſowohl als die zahmen Bäume daſelbſt, wenn es geregnet hat, und ſogleich eine heftige Kälte darauf, oder auch nur dieſe allein ohne vorhergegangenen Regen einfället. Da berſten die Bäume der Länge nach von einander, und ſterben ab. Bey einem tieffen und gefrohrnen Schnee, wenn er lange anhält, und es ſehr kalt dabey iſt, leiden die Hirſche, Rehe, und anderes Wild (die Raubthiere ausgenommen) auf der Alp groſſe Noth, beſonders wenn dieſelbe in den Hornung fällt, zu welcher Zeit die Hirſche die Engerich, und offene Rücken haben. Die, welche zu ſolcher Zeit in die flieſſende Waſſer gehen, um daſelbſt Atzung zu ſuchen, verfröhren ſich tödtlich, ſo daß es in den Alp Gegenden nichts ſeltenes iſt, wenn 1000 und mehr Stücke Wildpret des Winters zu Grunde gehen. Bey allem voranſtehenden iſt zu merken, daß zwar die Kälte an und vor ſich ſchon ſtark ſeyn kann, und 6. 8. Grade unter o. nach Reaumurs Thermometer ſtehen, daß aber die damit verknüpfte

Zug.

Zugluft, welche über den Schnee immer hinwehet, dieselbe erst
eigentlich unerträglich macht: denn zu dieser Zeit ist die niedere
Atmosphäre mit gefrohrnem Erdenduft, der wie kleine Nadel-
spizen krystallisirt ist, dichte angefüllet.   Zu Sommerszeiten
sind die Alpen den Donner- und Hagel-Wettern vorzüglich
ausgesezt.   Auf der Alphöhe stehet auch Winterszeit oft Wo-
chenweis der dikste Nebel, wenn in den Thälern ganz keiner
bemerkt wird: ein anderesmal aber sehr selten, können die Thäler mit Nebel ganz eben vollgefüllt seyn, wenn auf der Alphöhe das schönste Wetter ist,

Ein fleissiger und behutsamer Gärtner kann zwar die meisten Pflanzen des Unterlandes hervorbringen; allein er muß
in Rücksicht auf die Zärtlichkeit und Dauer seines Gewächses
die genaueste Kenntniß von der Lage seines Pflanzortes haben,
sonst hat er vor rauhen Winden und Reiffen, auch mitten im
Sommer Gefahr.   Frühsaat ausser den Mistbetten nüzt gar
nichts, auch das Versezen aus den Mistbetten in den kalten
Boden nichts.   Die Witterung im März und April mag auch
noch so gut seyn, so wird die Saat im Mayen doch jener im
März und April gleichkommen.   Sobald aber einmal das Erdreich Wärme hat, so wachsen die Pflanzen auch schneller als
im Unterland, ausser daß man auf der Alp nicht neidisch
dazu sehen darf, wenn Stuttgardt Schäffen, Karviol, Köhl,
Bohnen ec. 14 Tage, höchstens 3 Wochen früher hat.

Auch auf der Alp selbst gehet der Schnee sehr ungleich
ab, z. B. um Bernloch und Meidelstetten oft 2 bis 3 Wochen bälder als zu Böringen, Zainingen, Donnstetten,
Gruorn und Trailfingen, und gleichwohl haben diese Ortschaften besseren Boden, als jene.

Zusa

Zusaz

zu Seite 217. des II. Hefts.

den Dettinger Basalt betreffend.

Ich glaube diesen Zusaz hier am schiklichsten beyzubringen.
Die Hofnung, die ich II. Heft Seite 217. gemacht, daß
Herr Bergrath Wiedenmann die merkwürdige Gegend um
Dettingen näher untersuchen werde, hat dieser gelehrte Mi-
neralog wirklich erfüllt, und ich theile das Resultat seiner Be-
merkungen aus einem Briefe an mich dem Publikum hier mit
Vergnügen mit.

„Bey einer Reise, die ich diesen Sommer auf die
„Schwäbische Alp machte, war unter anderen mineralogi-
„schen Gegenständen, der sogenannte Eisenrittel, ein Basalt-
„hügel, unweit dem Dorfe Dettingen, zwey Stunden von
„Urach, einer der interessantesten für mich. Schon durch
„die Basalt-Proben, welche Sie mir unlängst nebst anderen
„Fossilien zum bestimmen zugeschikt haben, bin ich auf diese
„Gegenden aufmerksam gemacht worden, und habe mir da-
„mals schon vorgenommen, sie so genau als möglich zu un-
„tersuchen, und den wahren Geburtsort jener Basaltgeschie-
„be aufzusuchen, welche ich nun in dem Eisenrittel gefunden
„habe.

„Da die ganze Alp aus einem dichten graulichten und
„gelblichten weissen Kalkstein besteht, der zuweilen bunte Fle-
„cken

„ken und öfters Versteinerungen und Abdrücke von verschiede-
„nen Muscheln eingeschlossen hat, so ist es mir auffallend
„gewesen, hier einen ganz isolirten Basalt-Hügel zu finden,
„der einen ziemlichen Contrast mit dem gelblichten Kalkstein
„macht.   Dieser Contrast ist auch die Ursache, daß man in
„dieser auf der Alp so fremden Gebirgsart einen Bergmän-
„nischen Versuch machte, um Erzgänge oder Lager darinnen
„aufzusuchen.   Man hat nemlich angefangen einen Stollen
„am Fusse dieses Hügels etliche Lachter hinein zu treiben;
„da aber der Ausfall dieses Versuchs — wie leicht zu erach-
„ten — nicht ganz günstig gewesen ist, und man Wasser statt
„Erz erschrotete, so wurde der Versuch wieder eingestellt.
„Unerachtet diß erst vor wenigen Jahren geschehen ist, so ist
„doch schon die ganze Versuch-Arbeit wieder so eingefallen,
„und zerstöhrt, daß man nur noch Spuren von dem einge-
„gangenen Stollen, und der Halde antrift.   Diese leztere be-
„steht ganz aus aufgelöstem Basalt, und hat das Ansehen ei-
„nes grossen Hauffen von eisenschüssigen Leimen, in dem hie
„und da völlig aufgelößte Stücke von Basalt vorkommen.

„Der ganze Basalt-Hügel wird kaum 500 Schritte
„im Umfang, und 24 bis 30 Schuhe in die Höhe haben:
„er ist ganz mit Holz bewachsen, und beynahe jedes her-
„vorragende oder los ligende Stück ist gleichsam wie mit ei-
„ner Kruste von Moos überzogen, so daß man nicht recht
„deutlich sehen kann, ob der Basalt in regelmässig säulenför-
„migen Stücken, oder in Lagern vorkommt; das leztere ist mir
„jedoch wahrscheinlich, so wie ich auch vermuthe, daß man
„auf der Alp in einiger Entfernung von diesem Basalthügel

noch

„ noch mehrere Baſalthügel oder Berge finden werde; denn
„ vielfältige Erfahrung hat mich gelehrt, daß immer in eini-
„ ger Entfernung von einem iſolirten Baſaltberge, ſich einer
„ oder mehrere ähnliche Baſalthügel, welche alle eine gewiſſe
„ beſtimmte Lage unter ſich gehabt haben, finden. Mein
„ Aufenthalt dieſes Jahr auf der Alp war zu kurz, als
„ daß ich auch hier hätte Beweiſe für die Meynung auf-
„ ſuchen können, ich hoffe aber, daß es in Zukunft geſchehen
„ ſolle. “

„ Der Baſalt; woraus der Hügel bey Dottingen be-
„ ſtehet, hat eine graulicht ſchwarze Farbe, und häufig
„ eingemengte Theile von Baſaltiſcher Hornblende, und einer
„ Art von Chriſolit. Auf den Kluftflächen iſt er, wie jeder
„ andere Baſalt, gelbbraun und ſehr eiſenſchüſſig. “

„ Er kommt in unregelmäſſigen Bruchſtücken ſehr häufig
„ vor; denn ſowohl der Fuß des Hügels, als der Hügel ſelbſt,
„ iſt mit mehr oder minder groſſen Bruchſtücken, von Ba-
„ ſalt bedekt, ſo daß das Ganze einer groſſen Halde nicht un-
„ ähnlich ſiehet. “

„ Der Bruch dieſes Baſalts iſt dicht, und nähert ſich
„ ſchon dem unebenen, das nicht ſelten ins kleinkörnichte
„ übergehet. “

„ In den übrigen äuſſeren Kennzeichen kommt er ganz
„ mit den gewöhnlichen Baſalten überein.

Drittes Heft.   E   „ Die

„Die in dieſen Baſalt eingemengte grünlichte Körner,
„haben zum Theil eine Mittelfarbe zwiſchen Oliven. und
„Berggrün; einige von den gröſſeren Körnern ſcheinen einen
„verſtelt. blätterichten Bruch zu haben, ſo daß man ſie für
„eine Abänderung des Feldſpats halten könnte; ich bin da=
„her nicht recht überzeugt, daß es das nemliche Foſſil iſt,
„welches man ſo häufig in den Baſalten in mehr oder we=
„niger groſſen Körnern eingeſprengt findet, und das einige
„Mineralogen grünes Lava, Glas Chriſolit, und Herr
„Gmelin Oliven nennet. Nach den Stücken zu urthei=
„len, welche auf ihrer Oberfläche verwittert ſind, ſcheint ſich
„dieſes grüne Foſſil, von dem ſogenannten Chriſolit in den
„Baſalten nicht zu unterſcheiden, weil es ſich auch in eine
„bräunlicht gelbe thonartige Materie aufflößt, wie jener Chri=
„ſolit, mit dem übrigens mehrere, in dem Dottinger Ba=
„ſalt eingemengte Körner ganz übereinkommen.“

„Unter vielen Baſaltſtücken, die ich auf dem Eiſenrit=
„tel zerſchlug und unterſuchte, ſpielte mir der Zufall ein be=
„ſonders merkwürdiges Stük in die Hände. Ich fand nem=
„lich in dem alten zerfallenen Stollen, ein Stük Baſalt,
„das auf ſeiner ganzen Oberfläche verwittert und porös war;
„mehrere kleine Oefnungen, ſo wie auch ein Theil der Ober=
„fläche, war mit einem weiſſen durchſichtigen, klein nieri=
„gen Kalzedon überzogen, der in den Höhlungen kleine Dru=
„ſen bildete. Dieſes einzelne Stük dürfte vielleicht denjeni=
„gen Mineralogen, die ſo viele Erſcheinungen im Mineral=
„reich den Wirkungen eines unterirrdiſchen Feuers zuſchrei=
„ben,

„ben, schon ein genugthuender Grund und überzeugender
„Beweis für den vulkanischen Ursprung dieses Basalthügels
„seyn; obgleich die ganze Gegend um ihn herum aus Flöz-
„kalkstein bestehet, und es den höchsten Grad von Wahr-
„scheinlichkeit hat, daß er auf diesen aufgesezt ist. "

„Unerachtet mein Urtheil über die Vulkanität dieses
„Basalthügels, als partheyisch wird verworfen werden, so
„werden Sie mir doch erlauben, Sie zu versichern, daß ich
„auch nicht die geringste Spur von einer vulkanischen Wir-
„kung bey dem Eisenkittel gefunden habe, sondern mir im
„Gegentheil dieser Basalthügel, so wie die ganze Gegend um
„ihn herum, die sprechendste Beweise eines neptunischen Ur-
„sprungs zu haben schien. Was das Stük Basalt mit dem
„Chalcedon anbelangt, so muß ich das wiederholen, was
„ich schon in meiner Preisschrift über die Entstehung des
„Basalts gesagt habe; nemlich, daß ich den Chalcedon als
„keinen Beweis für die Vulkanität des Basalts ansehen kan,
„da man ihn bis jezt noch in keiner ächten Lava eines
„noch brennenden Vulkans gefunden hat, und er öfters
„auf Gängen und unter anderen Umständen vorkommt,
„welche seinen nassen Ursprung sehr überzeugend beweisen.
„Denn daß er bey Frankfurt am Mayn in dem Mandel-
„stein, so wie bey Vizenza in dem Euganäischen Ge-
„birge, ebenfalls in Mandelstein vorkomt, kann wenig-
„stens so lange nicht für einen Beweis der Vulkanität des
„Chalcedons gelten, als man die Entstehung des Mandel-
„stein durch das Feuer überzeugend dargethan, oder doch

„wenigstens so wahrscheinlich als möglich gemacht hat.
„In diesen Fällen muß bey jedem unbefangenen Manne
„der gröſſere Grad von Wahrscheinlichkeit für eine Mey-
„nung entscheiden, weil wir bey allen dergleichen physischen
„Erscheinungen niemals einen allgemeinen Saz mit positi-
„ver Gewißheit aufstellen und mit unwidersprechlichen Be-
„weisen belegen können. "

Jo. Fried. Widenmann.

Die

Die Aych,
mit
ihren Einflüssen und Gebieten.

Die Aych.

Ayha. Ai. Aja. Oeha. Ohe.

*) Alle diese Namen finden sich in öffentlichen Schriften und alten Urkunden, und selten wird ein Fluß so vielerley ganz ungleich lautende Benennungen erhalten haben.

Entspringt zu Holzgerlingen, Böblinger Oberamts, ströhmet durch Waldenbuch, Neuenhaus (und demnach zugleich durch einen beträchtlichen Theil des Schönbuchwaldes) Grözingen, und ergießt sich unterhalb des Dorfs Oberensingen, Nürtinger Oberamts, in den Neckar, nach einem Lauf von 2 starken teutschen Meilen.

Der Grund ist meistens Sand, welcher von den Sandgebirgen des Schönbuchs noch häufiger in diesen Fluß geführt wird und in sehr beträchtlicher Menge, zugleich auch in solcher Reinigkeit und Zartheit sich hier sammelt, daß er ohne weiteres gereiniget, geräben oder geschossen zu werden, vortreflich zum Bauen taugt, und hiezu besonders auf die Filder in unzähligen Kärren erkauft und verführt wird.

Der Strohm wird oft durch die von den Bergen und engen Thälern bey Regenwetter oder Schneeabgang herbeystürzenden Wassern sehr wild, reissend, und dem Futterfang zuweilen höchstschädlich, unerachtet sonsten an sich sein Lauf sanft und stille wäre, auch verursachen die eingebaute sehr viele Mühlwöhre Schaden, welche das Wasser spannen, und oft zu 4 bis 5 Klafter Tiefe schwellen, da es sonsten manchmal kaum ½ Klafter tief ist.

E 4   Die

Die Aych ist sehr Fischreich. Beym Anfang zwar führt sie nur geringere Fischlein; als Grundeln, Pfellen, und Schupfische; beym Fortgang aber finden sich auch bessere Arten, und gegen den Ausfluß Aale, Hechte, Karpfen und Börßge. Man fischet zu Zeiten zwischen Grözingen und Ensingen Karpfen zu 6 bis 8 Pf. Hechte schon bis 10 Pf. Aale von 3 bis 6 Pf. Bey trokenen Jahren aber leyden diese edlere Fischarten in diesem Fluß grossen Schaden. Krebse gibt es in der Aych nur mittelmäßig sowohl an Menge als Beschaffenheit.

Einflüsse in die Aych.

Der Kirchbrunn zu Holzgerlingen, als der Ursprung der Aych hat 3 starke Quellen, und ist in einen Felssen gehauen, auf welchem unmittelbar das Rathhaus steht, und der sich unter den höher liegenden Kirchhof hinziehet: Daher einige den Ursprung der Aych als unter dem Kirchhof befindlich, angeben.

Diese erste Aychquellen bekommen sogleich Zufluß von mehreren allenthalben um den Flecken herum vorhandenen Wassern: insbesondere von dem

Schlößleinsbrunnen, nächst an der Burg Kaltenek am Ende des Fleckens, welche mit einem See umgeben ist, in welchen auch der Ablauf des

Sträuchleinsbrunnens mit anderen Quellen gehet, und so fort aus ihm in die Aych abfliesset.

Ausserhalb des Fleckens, dem Schaichhof zu, ist ein starker Brunn, der Heseltrog genannt, von dem das ablaufende Wasser in die Aych fällt.

*) Die

*) Die in dem Flecken befindliche beyde Brunnen haben sehr hartes Waſſer, welches dem Vieh, und ſonderlich den Pferden die es nicht gewohnt ſind, ſehr nachtheilig wird, wenn ſie unvorſichtiger Weiſe ſchnell zur Tränke geführet werden. Die Fuhrleute wiſſen ſolches auch wohl, und tränken ihre Pferde entweder in Holzger-lingen gar nicht, oder führen ſie zum Schloßbrunnen.

**) Von dem aus vorgemeldten Brunnen und vielen Quel-len zuſammenlauffenden Waſſer wird ſogleich unterhalb des Fleckens in einer Entfernung von 800 Schritten die ſogenannte obere Mühle getrieben; eine kleine Viertel-ſtunde vom Flecken die Mittlere, und eine kleine halbe Stunde unter dem Flecken die Untere, deren Beſizer nach Holzgerlingen verburgert ſind. Bey allen Müh-len ſind auch Brunnen, durch deren ablauffendes Waſ-ſer die Aych immer ſtärker wird, ſo daß der untere Müller beträchtlichen Vortheil vor dem oberen hat, wenn ihm nicht groſſe Hize oder Froſt ſein Werk ebenfalls ſtellet.

Oeschbachlein. U. Oeschbachbrunn, auf dem Breitenſteiner-wieſen. A. am Breitenſteiner Jägerhölzlein. ꝛc.

Taubenbrunn, im Oeschelbach.

Krähbächlein. U. der vordere und hintere, Mönchsbrunn (Augletmönchbrunn, im Holzgerlinger Häſelhauwald. A. Unter der Eſelsmühle, von Norden her.

*) Gabner nennt dieſen ſtärkeren Anfang der Aych, den Ehenbach, und das Thal das Ehenthal.

Seebächlein. A. bey Schönaich.

Seebrunn.

Holdenbrunn und

Bandbrunn, auf Schönaicher Markung. Quelle des Schnei-
derleinsweyhers, so auch das Wasser zum Röhrbrunnen
zu Schönaich gibt.

> *) Die Schöpfbrunnen müssen zu Schönaich 25 bis 40
> Fuß tief gegraben werden. Periodische Brunnen gibt es
> im Fürst, und im Ramsbach, der Siechenbrunn.
> Schönaich hat auch einen kleinen See, etwa 200 Schrit-
> te vom Flecken, gegen Abend. Auch ist an dem Aych-
> fluß, $\frac{1}{4}$ Stunde von Schönaich eine Mühle (Wolf-
> oder Speidelsmühle.)

Bächlein. U. zwischen der Rau- und Untermühle, an der
Gränze des Böblinger- und Waldenbucher-Forsts A.
Raumühle.

Bächlein. U. an der Renkenwaldhalden. A. Raumühle.

Sulzbach. U. Böblingerwald an der Hafnerstaig, oder
dem Hirschplan, oder Sulz; heißt daselbst das Stinkbäch-
lein. A bey der Raumühle.

Brunn, hart an der westlichen Seite.

Buchwiesenbach. (Buwesbächlein) W. aus dem Käs-
brunnen.

Buchbrunn, ligt in der Nähe, in S.

Rögelsbrunn, ohne sonderlichen Ausfluß, auf der Wiesen am Schönaycher Rodenbergwald.

Kirnbächlein. oberhalb Steinenbrunn aus dem Gerin-
gerbrunnen.

Bächlein von O.

Auf der anderen Seite fließt der Laubach ein.

Feyelbächlein. U. Südwestwärts ober dem nach Waldenbuch

buch gehörigen Filial Sägmühl in der Feyelklinge; ergießt sich nach einer ¼ stündigen Strecke in die Aych.

Glashütterbächlein. Entspringt in der Hauserklinge; lauft
anfangs von Westen gegen Osten ½ Viertelstunde weit;
krümmt und stürzt sich sodann von Süden gegen Norden,
oberhalb der ½ Stunde von Waldenbuch entlegenen Bachenmühle in die Aych.

Groppbächlein, fließt Nordwärts ¼ Stunde von Waldenbuch
aus zerschiedenen Quellen zusammen, und an dem Städtlein in die Aych. Sind sammtlich reissende Regenbäche,
und verursachen bey langem Regenwetter vielen Schaden.
Man findet in ihnen häufige Weißfische und Gründlinge,
auch etwas Krebse.

*) Die Aych hat seit 1782 eine neue steinerne Brücke,
im Städtlein Waldenbuch, über welchen die Chaussee
führet.

**) Waldenbuch ist sehr wasserreich: es hat 9 Röhr-
brunnen. Der Markt- und Schloßbrunn entspringen
¼ Stunde vom Städtlein, Nordwärts, die übrigen nahe am Städtlein, Nord- Süd- und Westwärts. Die
Wasser sind überhaupt gut, insonderheit ist das sogenannte Badwasser vortreflich; es ist sehr leicht und scheint
etwas süßlicht zu schmecken, sonsten aber hat es keinen
besondern Geruch. Das Bad selbst ist schon weit über
100 Jahre eingegangen; das Haus selbst aber, auf welchem noch wirklich die Badgerechtigkeit haftet, stehet noch.

***) Von Periodischen Brunnen weißt man hier 2. Den
sogenannten Hungerbrunnen, auf der Schafstelle, welcher 1771 häufig geflossen, über 16. Jahre vertroknet,

und

und 1787 im Herbst wieder zu lauffen anfieng; nun aber
wieder vertroknet ist. Ferner ein Brunn auf der sogenannten Gaiswiesen, welcher bey nasser Witterung stark
fließt, bey dürrer aber wieder vertroknet.

****) Hier sind von Mahl-Mühlen: Die Städtleins-
Mühle, Bach-Mühle, und Rudolphen-Mühle.

Seitenbächlein (Segelbach.) U. aus dem Schießbrunnen
und einigen anderen Quellen am Schießhaus zu Weyl im
Schönbuch, aus dem Lachenthal. Gehet daselbst durch
den oberen und unteren See, und ergießt sich unter dem
Städtlein Waldenbuch in die Aych.

*) Im Thal zwischen Waldenbuch und Weyl im Schön-
buch heißt dieser Bach der Dodtenbach, und das Thal
das Dodtenbach Thal.

So wie auch die Mühle, so er hier treibet, von ihm
den Namen hat.

Sonsten aber treibet der Seitenbach auch zu Waldenbuch eine Mahl-und Lohmühle.

**) Von den Brunnen zu Weyl im Schönbuch wird
unten besonders geredet werden.

In den Seitenbach kommt:

Reichshalderbächlein. U. von S. im Reichshalderwald.

Rothbrünnlein, das auf dem Segel-Reinberg entspringt,
fließt südwärts ein, und nordwärts her.

Häuleinbrunn, von Häuleinberg her.

Immenbächlein, kommt südwärts, ½ Stunde von Waldenbuch aus der Braunackerklinge hervor, und vereinigt sich
mit dem Seitenbach und der Aych unter dem Städtlein.

Rei.

Reichenbach. U. in dem weſtlich von Mußberg gelegenen tiefen und engen Thal, aus mehreren von einigen Wald- thälern zuſammenflieſſenden geringeren Waſſern, die bey Mußberg erſt der Reichenbach genannt werden: welcher nun einem zwiſchen hohen Bergen von Weſt gegen Südoſt ſich hinziehenden Thal den Namen des Reicherbacherthals gibt. A ½ Stunde oberhalb Neuenhaus. Hat ſandichten und ſteinichten Grund, etwas von Grundeln, wenige und ſchlechte Weißfiſche, Krebſe.

Wird in ſeinem Lauf durch mehrere geringere Quellen verſtärkt.

Treibt in einem Strecke von 1½ Stunden 10 Mühlen, ſammtlich Mahlmühlen von 3 Gängen, wovon aber we- gen Waſſer-Mangel öfters nur einer umgehet.

*) In der Gegend um Mußberg ſind mehr Schöpf- brunnen als Röhrbrunnen, und dieſe haben ihren Fall oft nur wenige Ruthen, jene müſſe auf der Anhöhe 20 bis 30 Fuß tief gegraben werden. Es ſind auch meh- rere Periodiſche Brunnen vorhanden, die nur in naſſen Jahrgängen flieſſen. Auch Leinfelden hat nur Schöpf- brunnen.

**) Steinenbrunn hat viele Quellwaſſer von vorzüglicher Güte: das vortreflichſte Trinkwaſſer iſt hier gleich bey der Quelle in eine Brunnenſtube gefaßt. Schöpfbrun- nen ſind 24 Fuß tief zu graben, bis man Waſſer ge- winnt: es ergaben ſich folgende Schichten 1) Gelber Mergelſtein. 2) Sand. 3) Letten. 4) Gelber Mergelſtein. 5) Leberkies. 6) Gelber Mergelſtein, worauf ſich das Waſſer einfand.

Ju

In der Markung von Neuenhaus im sogenannten Walden-
bücher-Thal, fallen mehrere Bächlein und Quellen in die
Aych, als:

1) Auf der Linken Seite der Aych, zwischen Abend und
Mittag, fällt in dieses Flüßlein von oben herab:

Der Plattenhardter Stellebrunn, oberhalb des Platzes ent-
springend, worauf ehmals das sogenannte grüne Häuslein
gestanden.

Ein Brunn von der Neuhäuserwand herab, gegen der oberen heiligen Wiese lauffend.

Rühmelkers- oder Birkleins Klingbrunn.

Winkel- oder rothen Birklens Klingbrunn.

Klingelesbrunn am Maadfeld.

Der Röhrbrunn im Dorf, beym Pfarrhaus.

2) Auf der Rechten Seite:

Der Graibich Klingbrunn.

Dem Dorf gegen über der Schinderklingbrunn.

Weiter hinauf ein Brunn bey der weißten Plazkling, am
Heuweg.

Noch weiter hinauf der Steinfurthklingbrunn.

Der Reichenbach von Musberg her, bey der ob hiessiger Markung gelegenen Scheerwässerbruk. Dieser Reichenbach
fliesset aus mehreren vom Böblinger und Sindelfinger-
wald kommenden Waldwassern zusammen, bekommt aber
erst bey Musberg seinen Namen und zieht sich in dem
von ihm sogenannten Reichenbacherthal zwischen ziemlich
hohen Bergen von Westen gegen Südosten hin. Er führt
Grundeln, und schlechte Krebse.

                                                 *) Trei-

*) Treibet in seinem kaum 1½ stündigen Lauf 10 Mahlmühlen. In ihn fliessen

Ablauf des Lauchbrunnens. N.

Dietenbrunn.

Schmelbach. U. bey Rohr. A. Schmelbachwiesen. N.

Steinbrunnenbächlein. U. oben am Musberger Bubenrein aus einem Brunnen.

Eschbach.

Zwey Seen, der Kiliansmühle gegen über.

Platzbrunn. U. ober der Bernhäuser Ramstlinge.

Ausfluß aus dem oberen und unteren Ramstlinger und Pflanmänbrunnen.

Ausfluß aus dem Schattenbrunnen.

*) Die Aych ist zwar an sich nicht sonderlich reissend; tritt aber hier im engen Thal, bey starken zwischen den Bergen durch die Wasserrisse zusammenlauffenden Regengüssen, und vom schmelzenden Schnee, sehr leicht aus, sonderlich ums Dorf Neuenhaus herum, daß öfters die Kirche zu einer völlig unzugänglichen Insul wird. Im Jahr 1778 stund das Wasser so tief in der Kirche, daß ein ganzer Stand, aus 3 Stühlen bestehend, darinnen schwamm, und ein anderer von 7 Stühlen losgerissen wurde. Geschiehet das Austretten vor, oder im Heuet oder Oehmdet, so leidet man in jenem Fall durch Verschleimung des Grases, in diesem aber durch Wegschwemmung des Futters gar oft grossen Schaden.

**) Das Flüßchen hat in Neuhaufer Markung, im Waldenbucherthal, in einer halbstündigen Strecke 3 steinerne sogenannte Herrschaftbrücken. Der von ihm abgeleitete

Mühl

Mühlbach hat im Ort unten an der Kirche ein steiner-
nes Brüklein. Im Aicherthal, keine halbe Viertelstunde
v. hier gehet das sogenannte Krebsbrüklein über die Aych.

***) Im Ort ist 1 Oberschlächtige Mühle, die ein von der
Aych abgeleiteter Bach treibt, in der man beständig auf
1 Gerbgang und 2 Mahlgängen mahlen kan.

****) Mehrere in 2 Brunnenstuben neben der Kühstaig-
klinge gefaßte, durch hölzerne Teuchel ungefehr 218
Schritte weit bis zum Pfarrhaus geführte Quellen lauffen daselbst durch 3 Röhren in 2 steinerne Tröge, und
versehen Menschen und Vieh das ganze Jahr durch mit
trefflichem klarem und frischen Wasser.

Schaich. (Scheich, Scheyach) Entspringt aus dem Hengst-
brunnen zwischen Altdorf und dem Schaichhof; läutt in
mehreren, doch nicht beträchtlichen Krümmungen, schneller
als die Aych. Tritt leicht aus, und verursachet am Futterfang öfters grossen Schaden; das Bett ist meistens flach
der Grund sandicht. Fällt ungefehr 15 Fuß unterhalb des
obgedachten Krebsbrüklein in die Aych. Führet Schuppfi-
sche, Grundeln, Gressen, auch Steinkrebse.

*) Das Baden in diesem Schaichbachwasser wird für
Hauptkrankheiten vor dienlich gehalten, und von manchem gebraucht.

**) Hat zu Dettenhausen 1 und auf Neuhäuser Mar-
kung 1 steinerne Herrschaftbrücke, eine kleinere am Ende des Dorfs: und gleich hinter dem Dorf gegen Morgen abermal 1 steinerne Herrschaftbrücke bey den Erlis-
gärten und Gaisgärten.

Die Einflüsse in die Schaich sind:

Schaichbrunn. U. dem Schaichhof gegen über. A. bald darauf.

Ernstbrunn, Obigem fast gegen über auf der Wiesen.

Riethbrunn S. oberhalb gegen über von den Weinbergen zu Weyl im Schönbuch. (Reuterbrunn)

Ramsbach. U. Schafbrunn, im Däschachwald A. oberhalb Dettenhausen. S.

Fronlacherbach (Fornbach.) U. auf der Dettenhäuser Hirschlanderwiesen. Heißt erstlichder Hirschlander- und ferner auch der Rambach. Entspringt aus dem Weiß-haslachbrunn.

Ablauf vom Schülerbrunnen.

Buchbrunn. U. unweit der Dettenhäusermühle. A. S. aleich darauf.

D. Schaichholzbrunn,

Ochterbrunn.

Steinlacherbrunn, geben keine beträchtliche Einflüsse.

Heiligenbrunn. U. Aus der Schlaitdorfer Communwaldung her. Unterhalb dem Ochterbrunn. A. bald dabey.

Schlaitdorfer Stellesbrunn.

Razenbrunn. Auf der Schaichwiese.

Mönchsbrunn. U. im Mönchswald A. zwischen dem Stein-brunner-und Bezenbergerwald.

Klingenbrunn. U. nahe an der Schlaitdorfer Viehwalde, A. unter dem Mönchsbrunnen.

Quelle aus einem Felsen.

Dicken Aichbrunn.

Mehrere Quellen, die einen beständigen Sumpf verursachen auf Neuenhäuser Markung.

Neuenhäuſer Stellebrunn.

Schlegeleins Heckenklingenbrunn.

Schaichbrünnlein, bey den äuſſerſten Häuſern des Dorfs Neuenhaus.

*) Am äuſſerſten Ende dieſes Dorfs, gegen der Schaich, findet ſich in einer Scheuer ein periodiſcher Brunn, (Hungerbrunn) deſſen Lauf man nur vor nachfolgenden theuren Zeiten beobachtet haben will. So habe er 1763 vor und nach dem Heuet mit kaltem klarem Waſſer etliche Monate lang gequillet, daß etliche Brunnenröhren davon hätten lauffen mögen, und der Beſizer ſein Heu anderwärts habe aufheben müſſen. Im Jahr 1770 vor der theuren Zeit habe er ebenfals viel Waſſer gegeben. In anderen Jahrgängen, auch fernd, und heuer (1788) im Frühling habe er die Scheuren Tenne nur feucht gemacht. Manche Jahre laſſe er ſich gar nicht ſehen.

*) Die Ayɕ lauft nun auf der Mittags Seite am Flecken Aich vorbey, und treibet einen ſtarken Büchſen‑Schuß oberhalb des Fleckens die ſogenannte Bombacher Mühle, und nimmt zwiſchen dieſer und dem Flecken.

Den Bombach (Bonbach) ein geringes Bächlein, das von den Bonlander Seen herabkommt.

(Die Seen ſind herrſchaftlich, und hält der groſſe $16\frac{1}{8}$ Morgen. 6. R. 20. Sch. Der kleinere $\frac{1}{8}$ Morgen. 4. R. 96. Sch.)

In dieſen Bonlander See liefert Plattenhart mehrere Quellen aus ſeinen Wieſenthälern.

Bayer.

Bayerſpach, ein geringer Bach, von Schlaitdorf her, Südweſt-
lich, ½ St weit von Aych entſpringend, fället im Flecken ein.

*) Hier iſt von der Lage des Fleckens Aych noch folgendes
anzumerken: Dieſer in das Oberamt Nürtingen gehörige Flecken zeichnet ſich durch ſeine Lage welche faſt in
den Mittelpunkt des Landes nach allen Seiten trift, beſonders aus. Er ligt mitten zwiſchen 8. nahmhaften
Städten, nemlich Stuttgart, Eßlingen, Kirchheim,
Neuffen, Urach, Reutlingen, Tübingen und Böblingen, deren iede 4 Stunden von Aych entfernt ligt.
Auch gehet eine 3 fache Landſtraſſe durch den Ort, nemlich von Stuttgart auf Urach, von Eßlingen auf
Reutlingen, und Tübingen, und von Kirchheim auf
Böblingen, Herrenberg, und in Deinach: Doch
wird dieſe Paſſage den Reiſenden aller Art vielmals be-
ſchwehrlich, wenn öfters bey Abgang des Schnees, bey
anhaltendem Regen das ſonſt ſeichte und geringe Flüßchen durch Zufluß von den hinteren Thälern aus dem
Schönbuch ſo ſtark, und ehe man ſichs verſiehet, ſo
ſchnell anſchwillet, daß man ſich genöthigt ſiehet, oft
einen ganzen oder halben Tag liegen zu bleiben, und ein
Quartier zu ſuchen, wo das Waſſer nicht bereits ſchon
die Ställe, die Keller, und die Küchen, ſamt dem Eingang in die Häuſer eingenommen hat: indeme einige
Häuſer und Gebäude an der ſtrengſten Straſſe dermaſſen
übel angebaut ſind, daß die Einwohner oft in größter Eile
zuerſt ihr Vieh aus den Ställen flüchten, und ſodann
ſich ſelbſt mit den ihrigen auf den Boden retiriren müſſen; aber auch nicht zu vergeſſen haben, ihre Fäſſer in

dem

dem Keller zu sprießen, ehe sie anfangen zu schwimmen, welches sogar in dem grossen Gasthause genau beobachtet werden muß.

**) Aych hat nur 1 Röhr- und 2 Teuchelbrunnen, die etwa 10 bis 20 Ruthen wegs weit hergeleitet werden, und worunter besonders die letztere, zu keiner Zeit versiegende, vortresliches Wasser geben, wornach vornemlich die Kranken seufzen. Unterhalb des sogenannten Badstubenackers quillet ein Brunn aus einem hohlen Aichstumpen reichlich hervor, der zu Winterszeit dampft, und einen Schleim mit sich führet, der bey dem Vieh, wenn es Geschwülsten bekommt, mit Nutzen gebraucht wird. Feldbrunnen sind hier in ausserordentlicher Menge, und werden deren leicht 80 gezählt.

***) Hier wird im Dorf eine Mühle von der Aych getrieben.

Finsterbach. U. Aicher Markung: wird bald durch eine starke Quelle in den Stokwiesen, oben zwischen Hardhauser und Aycher Markung, linkerhand aber durch den

Krebenbrunnen, gleich über der Chausseestrasse zwischen Aych und Bonlanden und gleich darunter durch

Zwey Brunnen in der Aycher Riethwiesen verstärkt; bekommt aber erst seinen eigentlichen mit Holz bewachsenen Hauptgraben bey dem in ihn fliessenden

Aychbrunnen (Aycher Klingelsbrunn) einer treflichen Quelle.

Endlich wirft sich der Finsterbach zu Ende der Aycher Markung an dem Grözinger oberen Mühlwöhr in den dasigen oberen Mühlgraben, bey grossem Gewässer aber durch eine über den Mühlgraben führende Thielbrücke in den Hauptbach Aych.

Bey

Bey gedachtem oberen Mühlwöhr wird das Aychwaſſer in
2 Theile getheilt. Der eigentliche Aychfluograben hat meiſtens in gerader Linie ſeinen Lauf bis oberhalb des Städtleins Grözingen, zieht ſich allda in einem Bogen um das
Stadtgut von 3 Morgen Plaz, wo die ehmalige Beüzer
von Grözingen ihre Burg und Schloß hatten; ſodann
an der Mittagsſeite hart an der Stadtmauren vorbey, 80
Schritte lang, bis zu der Brücke.

Dort faſſet die Aych das bey dem oberen Mühlwöhr 1 gute
Viertelſtunde lang getrennte Mühlgrabenwaſſer, durch
das Städtlein herauswallend, wieder in ſich.

Von der angezeigten Aychbrücken an läuft der nun wieder
vereinigte Bach 200 Schritte lang in gerader Linie nahe
an der Stadtmauren herunter, biß an den unteren Eckthurm,
wo das untere Mühlwöhr ſeinen Anfang nimmt.

Von dar aus flieſſet die Hälfte des Waſſers, oder auch daſſelbe
ganz, wenn es klein iſt, durch ein 46 Schritte langes ſtei-
nernes Gewölbe, hindurch, biß in den unteren offenen
Mühlgraben, allwo der

Weyherbach einfället. Dieſer entſpringt aus einer geringen
Quelle im ſogen. flachen Lachenthal zwiſchen Hardhauſen, und der oberen Bonländer Chauſſeeſtraſſe. Lauft auf
Hardhauſen; hat vor dieſem allda einen kleinen, nun ein-
gegangenen, See gefüllt

Nimmt im Dorf das Waſſer von 4 ſchönen Brunnquellen in
ſich; fängt allda an einen Graben zu formiren; verſchlutt
unter dem Ort noch ein Brünnlein, und ziehet ſich erſt
auf Grözinger Markung in das ſogenannte Weyherthä-
lein; woſelbſt er den

F 3   Kalten-

Kaltenbrunnen, famt den ftarkquellenden

Zwey Weyhebrunnen, mit noch anderen

Geringeren Brunnen in Nu und Zimmelreichswiefen gegen
der Jägerftaig faßt, so wie auch

Zerfchiedene ftarke Brunnquellen vom ganzen Altgrözinger
Wießthal.

Lauft nun oben am Bodenthurm zu Grözingen nahe an der
Stadtmauer, 300 Schritte lang auf der Morgenfeite herab,
bis zu vorgedachtem Mühlgrabengewölbe am unteren El-
thurm; wirft fich über die dafige gut gelegte Thielbrücke,
über das Gewölbe und Mühlgrabenwaffer hinüber, und
ftürzt fich, wenn er groß ift, mit heftigen Wellen und ftar-
kem Braufen über das dabey angelegte Bachwöhrlein bey
10 Fuß tief hinab, und gegen 80 Schritte lang unter dem-
felben in den Haupt-Aychfluß, der vom unteren Mühlwöhr
herabkommt, ganz tobend hinein, und bringt vielen Kieß
und Steine mit fich.

    *) Daher das alte Grözinger Wortzeichen ift: daß hier
    2 flieffende Waffer über einander hinlauffen und einander
    durchkreuzen, ohne fich zu berühren.

Beym Ausgang befagten Gewölbes lauft das Waffer in
dem offenen Mühlgraben bogenförmig durch die Auwiefen
auf die untere Mahlmühle hinab, wirft fich überfchlächtig
über felbige 3 Mühlräder 7 biß 8 Schuh hinein, und rin-
net im Mühlgraben unter der Mühle bis zum Fahrfurth,
allwo es fich mit dem Haupt Aychfluß, welcher vom foge-
nannten Aufteeg herunter kommt, wieder vereinigt. Die-
fer Aychfluß fließt hierauf in zerfchiedenen kleinen Krümmungen durch das Grözinger Wiefenthal, ziehet fich hart

                                   am

am Neckarhäuser Wald herunter, und verschlinget am Ende der Grözinger Markung den

Klingenbach (Fallbach) Dieser hat seinen Ursprung durch
etliche starke Brunnquellen z. B. den sogenannten Röhrbrunnen und andere Quellen in Wolffschluger Markung
lauft im Büchleinbachgraben herunter, wo er die Grözinger und Wolffschluger Markungen unterscheidet, sodann
durch die untere Wolffschluger Bachwiesen durch; in welchem flachen Thälchen, er wieder 3 schöne Brunnquellen
faßt, so wie er unten an den dasigen Winkelwiesen durch
einen Hauptgraben alle Brunquellen und alles Regenwasser, oben vom cathol. Neuhäuserwald, dessen Anhöhen
in das darunter liegenden Wolffschlugerseelein am Fahrweg auf Eßlingen zu, ja durch den allda ganz wie eine
flache Mulde zusammenhängenden Wolffschluger Zehenden
des Fleckens-gesammte Brunnquellen und Wasser zu sich
nimmt. (Namentlich des Wolffschluger Brustbrunner-
Sees und der Höfellache.) Der Klingenbach formiret
sodann erst unten am Wolffschluger und Hardler Berg-
wald eine tiefe Klinge, macht zwischen eben diesen Orten
und dem Grözinger Zehenden die Markungsgränzscheide,
und spühlt, wenn er anläuft, schwehre Felsenstücke vom Berge des Waldes herab, (welches Silbersandsteine sind) und
auf die Ebene des Thals der Grözinger - Vieh - Luzel-
Egert hervor, und stürzt sich mit starken und tobenden
Wellen hart am Neckarhäuserwald in die Aych.

*) Zu Grözingen führet sogleich vor dem unteren Thor eine
aus 3 Bogen bestehende ganz steinerne aus Quadern erbaute Brücke über die Aych.

F 4   **) Grö-

**) Grözingen hat ebenfals viele Feldbrunnen: die vorzüg-
lichsten darunter sind:

Der Lorchbrunnen, in der Ecke, wo sich die 3 Zehenden:
Grözingen, Thailfingen und Aych von einander scheiden,
am Heerberg.

Der Staigbrunn, bey der Klee Meisterey, an eben diesem Berg.

Der Klingler Hauptbrunn, an der Fröschegart mit noch
etlich geringeren.

Die 2 schöne Brunnenstuben in Oberallgrözinger Wiesen,
an der Fahrgassen; von welchen das Wasser in Teucheln
eine kleine halbe Stunde weit bis in das Städtlein hereinge-
führt wird.

Der Ziegelbrunn.

Etliche gute Brunnquellen im Hohen Rein hinunter — und
mehrere andere.

*) Im Städtlein sind 3 Röhrbrunnen, auch 2 Galgbrun-
nen, nemlich der Baadbrunn und Engelbrunn, beyde
bey 30 und mehr Fuß tief

**) Wolfschlugen hat 2 Röhr- und 30 Schöpfbrunnen,
welche 10 bis 15 Klafter, meistens durch reimen zu
graben sind.

Bach zwischen Hardt und Ober-Ensingen.

*) Ueber die Klinge, unfern Hardt, auf dem Wolf-
schlugerweg ist eine Brücke erbaut, so man die Teu-
felsbrücke nennt, und womit sich Tradition und Aber-
glaube dieser Gegend vieles zu schaffen macht.

Nach deme endlich die Aych mitten durch Ober-Ensingen
geflossen, woselbst sie noch eine Mahl- und Oel-Mühle ge-
trie-

trieben, so ergießt sie sich zwischen beyden dasigen Schlößlein unterhalb des Dorfs in den Neckar.

*) Hier ist die Aych öfters reissend, und verursachet durch Ueberschwemmung und Eisgang, (wie z. B. 1784 wo das ganze Dorf unter Wasser gesezt wurde) grossen Schaden; vornemlich, wenn zu gleicher Zeit auch der Neckar austritt!

**) Ober-Ensingen hat gar keine Röhr-sondern blos Schöpfbrunnen von einer Tiefe von 20 bis 30 Fuß; der beträchtlichste ist der, so auf dem freyen Plaze unfern der Kirche, in einen Felsen gehauen ist, aus dessen in der Tiefe befindlichen weiten Adern und Oefnungen das Wasser herbeyströhmet.

Anmerkungen zur Gegend um die Aych.

I. Bey der Oberflächlichen Gestalt dieser Gegend. ist 1) das Gebiet zu betrachten, welches die Aych beherrschet, ehe sie noch die Schaich aufgenommen hat. 2) Das Gebiete der Schaich, und 3) Die Gegend von der Vereinigung dieser Wasser bis zum Einfluß der Aych in den Neckar.

1) Gegend um die Aych bis zur Aufnahme des Schaichbaches.

Holzgerlingen, ein beträchtlicher Flecken Böblinger-Oberamts, welcher der Aych aus dem Kirchbrunnen ihren Ursprung gibt ligt hoch, und hat keine Berge in der Nähe. Auf einer gewissen Anhöhe, das Creuz genannt, erstrekt sich die Aussicht sehr weit gegen Morgen über die sogenannte Filder hinaus, gegen Mittag über Tübingen hinüber auf den

Roß-

Roßberg, und gegen Abend über Calw hin in den Schwarzwald. Eine beträchtliche Erniedrigung (Abspühlung) der Erd-
oberfläche wird seit Mannsgedenken wahrgenommen, indem
sich nunmehr auf obengenanntem Creuz der Schaichhof, so
wie auch der Flecken Weyl im Schönbuch dem Auge dar-
stellen, welche in voriger Zeit hinter den Anhöhen versteckt lagen. Niedriger ligt Schönaich, dessen höchste nordwestlich
liegende Berge der Fürst und die Weinberge sind, welche
sich sodann gegen Süden hin in Ackerfeld verflächen. Der
Berg gibt eine südliche Aussicht auf die Vestung Hohenneuffen, Teck, Achalm, Hohenzollern, und den grösten Theil
des Alpgebirges, und auch hier findet obige Bemerkung statt:
wie man vor etwa 50 Jahren kaum auf dem höchsten Berge
die äusserste Spize des Kirchthurms von Weyl erblicken konnte, so kann nun auf ebenem Felde der Flecken Weyl selbst gesehen werden.

Das Städtlein Waldenbuch ist ganz von Bergen eingeschlossen. Zwey Hauptwasser, in welche verschiedene kleinere
Bäche und Quellen einfliessen, nemlich die Aych und der Seitenbach, geben 2 Thälern auf dieser Markung den Namen
Aych-(Ayha) Thal und Seitenbacherthal.

A) Ayhathal. Die Aych, welche von Westen gegen Osten
    fließt, hat

  a) Gegen Süden die Berge (die aber, wie überhaupt auch
     auch die übrigen auf der Markung nicht eben den Na-
     men hoher Berge verdienen)

    α) Steinenbrunner-Gab, der sich von Westen gegen
      Osten ziеht.

    β) Lenthalden, an dessen Fuß das Filial Seegmühl
               ligt,

ligt, weſtwärts eine kleine halbe Stunde von Waldenbuch entfernt.

γ) Tannenwäldlein hat mit dem Centhaldenberg gleiche
Lage und Zug.

*) Zwiſchen dem Steinenbrunnergabberg und dem
Centhaldenberg fließt das Feylbächlein ſ. o.

b) Gegen Norden ligt, dem Steinenbrunnergabberg gegen über der

α) Steinenbrunnerberg.

β) Erdbeerbühl.

γ) Schüzenhauſen.

δ) Eichhalden. (alle drey der Centhalden und dem
Tannenwäldlein gegen über.)

ε) Der Alte Weg, dem Städtlein gegen über.

B) Seitenbacher Thal. Der Seitenbach kommt aus dem
See zu Weyl, nnd hat

a) Rechts, wenn er auf die Waldenbucher Markung kommt

α) Den Säuleinsberg.

β) Lindenteylen.

γ) Den Blatternberg bis an das Städtlein hin.

b) Links ligt, obigen gegen über.

α) Der ſogenannte Seegelrain,

β) Städtleinsberg.

γ) Der Hügel vom Städtlein.

C) Ayha Thal; Nachdem ſich der Seitenbach mit der
Aych vereiniget hat.

a) Rechts ligt α) der Ramsperg. β) Bonholz. γ)
Glashütterwäldlein.

*) Glashütte iſt ein Filial von der Pfarre Waldenbuch,
dem

dem Städtlein gegen Morgen, in einer Klinge, einen Büchsenschuß von der Aych südwärts, zwischen dem Bonholz und Rohlreinberg.

δ) Der Bezenberg.

b) Links

α) der Wingertberg, dem Städtlein gegenüber, der ehmals Weinberge getragen, die nun gänzlich abgegangen.

β) Mühlhalden, dem Ramsperg und Bonholz gegen über.

γ) der Sulzrain, dem Glashüttenwäldlein und dem Bezenberg gegen über. (An seinem Fuß ligt die Bachenmühle.)

D) Weitere Berge die an keinem Bache liegen, sind: α) Der Kräuthauberg und β) der Groppachberg, beyde dem Städtlein gegen Norden γ) Rechtenmadenberg, gegen Süden. Ueber jene beyde erstere gehet die Chaussee von Stuttgart her durchs Städtlein, und so fort über lezteren Tübingen zu. Das Tannenwäldlein trägt lauter Forchen: Steinenberg und Bonholz haben oben Ackerfeld und Wald; sonsten aber sind alle Berge mit Buchen, Eichen, Birken, Erlen und Buchholz überwachsen, und keiner kahl. Die Waldhöhe zwischen Waldenbuch und Dettenhausen, über welche sich die Chaussee hinziehet, heißt der Braunacker (oder bey dem Braunacker.) Auf der Höhe des Kräuterhäuberges, ½ Stunde dem Städtlein Nordostwärts, ligt das Filial der Hasenhof Auf dem Groppachberg hat man die 5 Stunden weit entfernte Strecke der Alpgebirge zwischen dem Tecker- und Uracher Vestungsberg im Gesichte.

Weyl im Schönbuch, ein beträchtlicher Marktflecken Bebenhäuser Klosteroberamts ligt 1 Stunde westlich von

Wal-

Waldenbuch, auf dem Rücken eines Hügels, der jedoch nicht ſo hoch iſt, als der ſüdweſtlich im Schönbuch liegende Bromberg, und die Waldebene, der Birken See. Dieſer Hügel ſcheidet das Schaichthal und Seitenbachthal, oder wie es hier genennt wird, Dotdenbach Thal, und ziehet ſich dem Bezenberg zu. Sonſten hat dieſer Flecken keine beträchtliche Berge.

Der zwiſchen Waldenbuch und Neuenhaus in die Aych einflieſſende Reichenbach hat noch nachfolgende Ortſchaften in ſeinem Gebiete: Mußberg (Moosberg) Stuttgardter Oberamt. Iſt auf der weſtlichen, ſüdlichen und öſtlichen Seite mit Bergen und Waldungen umgeben. Der Ort beſteht aus 2 Weilern, das obere und untere genannt, ligt auf der ſüdlichen Seite eines groſſen ¼ Stunde langen ſandichten und ſteinichten Berges, ungefehr in der Mitten, und iſt mit Gärten, auch Aeckern und Wieſen umgeben. Gegen Norden erhebt ſich der Berg, worauf der Ort ligt, noch eine gute Strecke, ſenkt ſich aber denn wieder gegen dem benachbarten Möhringen auf den Fildern, wo ſodann die dortige Ebene ſich anfängt. Gegen Nordoſt ziehet ſich der Berg gegen dem Röhrerwald noch etwas höher, nächſt an dem Wald aber ſenkt er ſich wieder, und dann fängt eine Klinge, oder ſehr enges Thal an. Theils in dieſem kleinen Thale, theils auf einem von der Waldanhöhe ſich herabziehenden Hügel ligt das ½ Stunde von hier entlegene Pfarrfilial oder Aychen, welches auſſer dem engen Wieſenthal meiſt mit bergichten Feldern umgeben iſt. Gegen Weſten führet der Berg, an welchem Mußberg ligt, eine halbe Viertelſtunde weit abwärts in ein tief gelegenes enges Thal, und vor dieſem in die Böblinger = und Sindelfinger = Waldungen: hier ſammelt ſich

der

der Reichenbach. Gegen Südost hängt der Berg des hiesigen Orts mit einem anderen sonst ganz freyen Berge, dem
Aichberge zusammen, der mit Aeckern und Ländern angebaut,
und von dem Reichenbacherthal auf der südlichen Seite, so
wie von einem anderen das sich $\frac{1}{4}$ Stunde von Norden herzie-
het, umgeben ist. Gegen Osten endlich führet der Weg vom
Ort aus sogleich bergab, in das erstgemeldte von Norden gegen Süden am Aychberg sich hinziehende Thal, das weiterhin gegen Osten mit dem auf einer neuen Bergstrecke liegenden
Leinfelderwald umgeben ist. Am Ende dieses schmalen und
etwa $\frac{1}{4}$ Stund langen Berges und Waldes öfnet sich die Fil-
dergegend, und fängt schon die große Ebene an, auf welcher
gegen Osten zunächst das hiesige Filial Leinfelden und $\frac{1}{4}$
Stunde weiterhin Echterdingen ligt. Leinfelden ist mit seinen Feldern umher ganz eben; aber $\frac{1}{4}$ Stund gegen Süden
erhebt sich ein ziemlich hohes Gebirg mit seinem sogenannten
Herrenwald, zum Waldenbucherforst gehörig, so von der
Chaussee nach Waldenbuch durchschnitten wird, und sich gegen Weidach und Plattenhart hin erstrecket. Ebenfalls eben
ligt das Filial unter Aichen, das gute Felder, aber wenig
Wasser hat, und an den eine halbe Viertel Stunde gegen
Nordost entfernten Herzoglichen Fasanengarten gränzet. Noch
ein anderes hieher zur Pfarrey gehöriges Filial Rohr gehöret
in das Gebiete des Kersch-Flusses. Der in das Stuttgarter Oberamt gehörige Flecken Steinebrunn hat eine bergichte
waldichte, rauhe Lage. Der in hiesiger Markung gelegene
Steinenberg ist in dieser Gegend des Stuttgarter Oberamts
der höchste. Benachbarte Thäler sind 1) Nordostwärts das
Reichenbacherthal, welches sich von Mußberg ostwärts,

bis

bis an das Aychthal unterhalb Waldenbuch erſtrelt. 2) Das
Aychthal, zieht ſich von Holzgerlingen aus, durch mehrere
Krümmungen an der ſüdweſtlichen Seite von Steinenbrunn
vorbey.

2) Das Gebiet des Schaichbaches
beſtehet in dem von ihm den Namen führendeu Schaichthale.
Der Bach, der wie oben gemeldet aus dem ſogenannten Hengſt-
brunn zwiſchen Altdorf und dem Schaichhof, wie auch aus
dem Schaichbrünnlein entſpringt, und den oben angeführten
Berg-Rücken von Weyl an ſeinem Fuß beſtreicht, ziehet ſich
von Dettenhauſen zwiſchen dem Schaichberg zu beyden Seiten, auf Neuenhaus. Die Ebene auf dieſem Schaichberg
nördlich heiſſet der Bezenberg. Von Dettenhauſen, (durch
welches Filialdörfchen von Weyl, die Chauſſee von Waldenbuch nach Tübingen führet) ſind die hauptſächlichſten
Berge ſchon vorgekommen, oder werden noch genannt werden.

Neuhauſen wie man es gewöhnlich und verdorben nennet (ein ins Nürtinger Oberamt gehöriger Flecken) hat eigentlich und in allen öffentlichen Urkunden den Namen Neuenhaus. Es ſoll ſeinen Namen von dem hier befindlichen Schlößlein, welches in vorigen Zeiten, da weiter nichts, als die
Kirche, die Mühle und dieſes Schlößlein, welches das Neue-
haus genennt worden ſey, erhalten haben. (Gegenwärtig
hat es vor einem gemeinen Baurenhaus nicht viel voraus, als
daß es mit einem Graben umgeben iſt, den man ehmals aus
dem nahen Bächlein anfüllen konnte: Die Reſter wo das
Schlößlein ſtehet, hat noch heutzutage den Namen der Pfalz.
(Palatium.) Auf der Mitternacht Seite, gerade vor Neuenhaus
ligt der Uhlberg (am Fuß zum Theil mit Ackerfeld, zum Theil
wei-

weiter hinauf mit Wachholderstauden, Eichen, Buchen und Birken
bewachsen) Abendwärts, und gegen Waldenbuch rechter Hand
ziehet sich der Dicke Rain (trägt unten Wieswachs, weiter hinauf Eichen und Buchen); linker Hand ligt dahin die sogenannte Neuhäuserwand (von gleichen Produkten), deren
höchste Höhe und Ebene der Daxbühl genennt wird, worauf
ehedem das sogenannte Grüne Häuslein gestanden. Hart an
dem Dorf, auf der Mittagsseite, ligt der Brustelberg; hat
Grasgärten und zum Theil umgebrochene Länderstücke: oberhalb auf der Höhe bis der Wald angehet, Wachholderstauden.
Zwischen Mittag und Morgen ist der Schaichberg, Dettenhausen zu, zur rechten und linken Hand des Schaichthales;
er trägt samt seiner Ebene, dem Bezenberg, Buchen, und
Eichen. Gegen Morgen Aych zu, ligt der Steineberg rechter Hand, linker Hand das Hochsträß, ein Ackerfeld; zwischen
Morgen und Mitternacht, oberhalb des Hochsträsses, sind der
Stollenhau und Hämmer Rain (Buch- und Eichwaldungen)
Bonlanden zu. Uebrigens sind der Uhlberg und Daxbühl
die höchsten Berge. Das Oeha- (Aych) Thal, welches
zwischen der Neuhäuserwand auf der Rechten und dem Uhlberg und dem Dicken Rain auf der linken Seite ligt, ziehet
sich von Neuenhaus bis Waldenbuch gegen Abend, und
wird das Waldenbucherthal genannt: eben dieses Thal ziehet
sich zwischen dem Hochsträß und Steineberg von hier nach
Aych gegen Morgen und hat den Namen das Aycherthal.
Nur die Wiesen von Neuenhaus in beyden Thälern liegen
eben, und auch ziehen sich zum Theil im Waldenbucherthal,
rechts und links Berg an, und stossen an die unverzäunte Waldungen, daher sie von Wildpret vielen Schaden leiden. Das
Acker-

Ackerfeld in allen 3 Zellgen zieht ſich Berg an: Das Madfeld
auf der linken Seite des Waldenbucherthals ligt am ober-
ſten: das Hochſträß dem Steinenberg gegen über, ligt ganz
Berg an, und ziehet ſich ziemlich hoch hinauf, der Uhlbergs-
öſch, gegen Mitternacht Plattenhart und Bonlanden zu
liegend, hat unterhalb auch etwas ebenes Feld, wird aber weiter hinauf ſehr ſteil. Vom Ort ſelbſt muß man überall Berg
hinan ſteigen, auſſer wenn man das Waldenbucher-Aycher-
und Schaichthal reiſet. Es gibt hier um der Lage des Orts
willen mehrere Klingen und Waſſer-Riſſe; ich will ſie, da ſie
mir der Fleiß meines Hrn Correſpondenten ſamtlich mitgetheilt
hat, hier anführen. 1) Auf der Uhlbergs Seite, Mitternacht-
wärts, ſind a) Greibich-oder Geröhraichklinge, zwiſchen
dem Hochſträß und Uhlberg. b) Schinderklinge an den
Schinderäckern. c) weiter hinauf gegen Abend die Weiſten-
Plazklinge. d) Zäunwegklinge. e) Steinefurtklinge. 2)
Auf der Neuhäuſerwand-Seite, von oben herunter: a)
Plattenharter Stellesklinge (oder Böſen Mannes Bie-
gelsklinge) b) Birkleinsklinge (oder Kühmelkersklinge)
c) Winkelhackenklinge. d) das ſogenannte Klinglein am
Madfeld. e) Kühſtaigklinge im Dorf. 3) In der Schaich,
rechter Hand von Ort aufwärts: a) Schlegelens Hecken-
klinge. b) Neuhäuſer Stellesbrunnklinge. c) Schlatt-
dorfer Stellesklinge. f) Aycher Stellesklinge. g) Fuchs-
klinge. h) Hummelsklinge eine der tiefſten. Ueberbleibſel
von alten zerfallenen Burgen zeigen ſich auf den Bergen um
Neuenhaus nicht; doch findet man in dem ſogenannten
Monchowald auf dem Bezenberg, in deſſen Mitte auch die
zur hieſigen Pfarre zehendbare Mönchswieſen liegen, noch

Drittes Heft. G zwey

zwey aufgerichtete steinerne Säulen, zwischen denen der Eingang zu einem Thor gewesen seyn dörfte, indem die Löcher zu den darinn gestekten Thüren Kloben noch deutlich zu sehen sind. Unfern davon ist eine starke Brunnquelle, von der sich alte Leute noch denken können, daß sie in eine gewölbte nunmehr ziemlich zerfallene Brunnenstube gefaßt war, an welcher eine kupferne Schapfe an einer eisernen Kette gehangen sey. Auch finden sich auf diesem Plaze, mitten im Wald noch Johannisbeerstauden, und vorzeiten sollen die schönsten Fleiner Apfelbäume da gestanden seyn; endlich soll man auch vor weniger Jahren beym Graben auf diesem Plaz, mitten im Wald, Leuchter und Ampeln von Blech und Eisen, mehrere Blattenstücke und Kohlen gefunden haben. Die Tradition sagt, daß an diesem Orte vorzeiten ein Mönchskloster, oder wenigstens eine Kapelle, wohin gewallfahrtet worden, gestanden sey.

3) Bey dem Gebiete der Aych von der Aufnahme
des Schaichbaches an, bis zu ihrem Einflus in
den Neckar

haben wir zuerst eine kleine Nordwestliche Ausschweifung in das Thälchen zu machen, worinnen der Bombach fliesset. Er kommt von Bonlanden 1 Stunde weit her, und bestreicht auch die Markung von Plattenhart; beyde Ortschaften gehören in das Stuttgarter Oberamt und zu der Gegend, welche den Namen der Filder führet. Bonlanden hat gegen Süden die Berge Sandbühl und Herrenholz; und südwestlich den Brohnberg: Die Markung ist uneben, und hat mehrere Klingen und Wasserrisse als das Wolfs-Lipples-und Oppes Klinglein, und die Tieffe Gasse, auch selbst eine durch den Flekken. Zu Plattenhart ist der bessere Theil der Markung ebenber

der Ort ligt an einem mit fruchtbaren Bäumen bewachſenen
Hügel, der Abendſeite zu, und beſtehet meiſtens aus einer
Gaſſe, die beynahe ¼ Stunde lang iſt.

Von Aych iſt ſchon oben gemeldet worden, daß unerachtet
der Ort ein Durchſchnitts-Punkt dreyer ſehr gangbarer Land-
ſtraſſen iſt, doch ſein Anbau zwiſchen mehreren Bergen rings-
umher in einem geſpannten Raum ſo unglücklich gewählt iſt,
daß er um ſeiner Lage willen den häufigſten und wüthenden
Waſſer-Ueberſtröhmungen ausgeſezt ſeyn muß. Auſſerdem iſt
die Gegend angenehm, beſonders auch durch Auſſicht im Dorf
und auf dem Feld. Den Vorzug des Proſpekts hat inſonder-
heit das Pfarrhaus und die Kirche, weil dieſe Gebäude auf
der Anhöhe des Orts liegen, da man nicht allein das Dorf
guten Theils überſehen, ſondern auch in der Ferne von 4 bis 8
Stunden auf einen Halbcirkul von hohen Bergen blicken kann,
unter denen ſich Tek und Hohenneuffen vorzüglich ausnehmen,
hinter welchen die Alpgegenden anfangen. Auf dem Felde
aber erblikt man zur Linken die hohen Berge vom Rechberg
Hohenſtauffen, Stauffenek, von der Kupferſteig, und was
noch für weitere Berge gegen Eybach und Geislingen hin
herwärts aber gegen Gruibingen, Neidlingen, Weilheim
und Biſſingen, bis an Gutenberg liegen; was man aber
ferner zur Rechten genau ſiehet, iſt die Achalm bey Reutlingen,
der Egenberg bey Pfullingen, der Roßberg bey Gönningen,
Hohenzollern, der Lochenſtein bey Bahlingen u. ſ. w. bis
in die Gegend von Hohentwiel. Die vielen in der Markung von Aych vorhandenen Quellen und unterirrdiſchen Waſſer verurſachen zuweilen Erdbrüche: ſo rükte z. B. vor mehreren Jahren ein ziemliches Stük Feld mit den darauf ſtehen-

den

den Bäumen, als in der Staige die Sulz genannt ein geschlagener Weg angelegt wurde: eben so riß sich ein Stük Wiesboden am Berg Steinenberg unterhalb am Wald los, u. a. m.

Die Ordnung führet mich auf das Städtlein Grötzingen, dessen ich zum Theil aus einer weitläufigeren Beschreibung (die ich von einem Manne vor mir liegen habe, dem wohl ein besseres Schiksal zu gönnen wäre) mit mehrerem erwähnen will. Grötzingen ist wohl eine der kleinsten Städte Wirtembergs, hat aber starke und hohe Mauren mit angebauten 12 Thürmen, worunter einige, besonders der Pulver- der Boden- der hohe Wacht- und der obere Thorthurm von schönen Quadern erbaut sind. Die Stadtmauer ist durchaus 6 Schuhe dik, mit einem rings umher führenden 4 Schuhe breiten Gange, und mag wohl nach alter Art für eine der wehrhaftesten gelten. Der 13te Thurm ist der mitten im Städtchen sich befindende schöne Kirchthurm: er enthält 4 wohl zusammenstimmende Gloken, ist über 200 Schuhe hoch, und wegen der dauerhaften künstlichen Bauart seines hohen, schön figurirten spitzigen Dachwerkes für einen der schönsten weit und breit zu halten. (Im J. 1460 ist er neu erbaut worden.) Die daran erbaute Kirche, ob sie gleich keine Jahrzahl aufweiset, mag wohl schon alt seyn, worauf die darinnen befindliche 4 schön gewölbte Grabmähler der alten Herren schliessen lassen, wovon der jüngste auf dem seinigen neben dem Taufstein die Worte führet: Diebold. miles. v. Bernhaußen. 1282. Das Thor ist erst 1508 von den allerschönsten Quadern und hohem Gewölbe aufgeführt. Das Städtchen hat 3 Thore, das Obere- das Untere- und das Mühlthor, und misset von einem Thore zum anderen, gerade dessen Gassen nach, 300 gemeine Schritte, um seine

ganze

ganze Ringmauren aber zuſammen 1372 Schritte; im Thale
aber, wo das Städtchen ſtehet, iſt die ganze Ebene und Breite
von einem Berge zum andern 550 gemeine Schritte. Die
höchſte und merkwürdigſte Berge der Grötzinger Markung
möchten wohl die 4 folgende ſeyn: 1) Der höchſte und am
weiteſten ausgedehnte auf der Mittagsſeite des Städtchens, der
Thailſinger Berg: von ihm wird bey Neckar-Thailſingen
und Neckar-Hauſen mehr geſagt; auf hieſiger Seite herab
hat er ſchöne Baum- und Grasgärten, feine Länder, und viele
und gute Wieſen. 2) Der Herrenberg fängt gleich oberhalb
des Städtleins über dem vorbeyflieſſenden Weyherbach an,
macht eine ganz ſteile Anhöhe, aufwärts 300 Schritte hoch,
und zieht ſich vom Weyherbachthälein, oder den Bachgärten,
in Geſtalt eines halben Kraiſes gegen der Stadt in das Aychthal herum, und macht allda das Gebirge diſſeits aus. Oben
iſt eine ſchöne Ebene von 250 Schritten im Kraiſe; ſodann
aber ſteigt er zu einer weiteren Höhe von 400 Schritten bis
auf die ſogenannten Neudachäcker, und ziehet ſich mit feinem
Rücken auf den groſſen Benzberg, mit dem er endlich eine
gemeine Lage und Ausdehnung ausmacht. 3) Der Benzberg,
welcher lauter Ackerfelder hält, und auch den Namen einer
ganzen Zelg führet, ziehet ſich an den Hohenrainwieſen, welche das Gebirg des Aychthals ausmachen, hinab, bis zu dem
Klingenbach; macht ebenfalls dorten das Gebirg aus; lauft
oben wieder mit ſeinem Rücken an dem Wolfſchluger Zehenden, am Büzlenbachgraben weiter über ſelbige Höhe hinauf,
bis an das gemeine Lacherfeld, welches flach liegt, und ſich
nach und nach wieder in die Höhe, bis an den Zukmantel-
wald, in dem Sielminger Zehenden gehörig, nahe hinan

ſtrekstreckt. Von gedachtem Lacherfeld macht der Benzberg an der Zarthäuſer Markung einen Bogen herum, bis an den allda anfangenden Weyherbach; und ſchließt alſo auf dieſer Seite alle übrige Aecker und Wieſen, vom unteren Aychthal des Zerrenbergs an bis zum Klingenbach, und von dort wieder bis zum Weyherbach, wie in einem ganzen Circul herum, gänzlich. 4) Auf der linken Seite des oftgemeldten Weyher-bachs ligt der ebenfalls ſich weit ausdehnende Fröſch-Egert-berg. Er fängt gleich bey dem Schafhaus und der Ziegelhütte mit der Staig an; überſteigt den Stornenberg, ſeinen Fuß-ſchemel; macht auf der Salzlecke eine kleine Ebene, und hat allda ein kleines Wieſenthälchen, die Leppenwieſen genannt, etwas abhängig in ſeinem Schooſe liegen; hebt ſich aber allda auf einmal in die Höhe, bis über die Steingrube hinauf, wo der Ziegler ſeine graue Kalkſteine gräbt, hat allda eine ge-meine Egert, und zieht ſich von da an in lauter Ackerfeld noch weiter aufwärts, Zarthauſen und Bonlanden zu; macht ſei-nen höchſten Rücken in deſſen Mitte durch den ſogenannten Bon-länder-breiten Schaf- und Fahrweg hinaus, und was durch dieſen Weg zur Rechten ligt, heiſſen Unterbirkach-Aecker und das Klingle, und dieſe geben ſamt den Leimengruben- und Stiglen-Aeckern ihr Regenwaſſer dem Weyherbach, weil ſie dahin abhängig ſind. Im Klingenbachthal mag noch der groſſe hohle Felſenſtein bemerkt werden, der ehmals in Kriegs-zeiten den Leuten zum Zufluchtsort diente. Wolfſchlugen hat kaum einige Hügel in ſeinem Bezirke. Endlich ligt Ober-En-ſingen, ein mittelmäſiges Dorf, ¼ Stunde ebenen Wegs von der Oberamtsſtadt Nürtingen entfernt, zwiſchen nicht ſehr hohen Bergen; ſo, daß es ſüdwärts auf dem Wege gegen Nür-

tingen

tingen die gröſte Oefnung, nordweſtwärts aber unmittelbar und zunächſt ziemlich anſteigende Weinberge hinter ſich liegen hat: ſüdweſtlich ligt der Nürtingerberg, Auchtert. Der Ort liegt meiſtens eben, nur daß gegen Norden ein Theil der Häuſer auf einem kleinen Berge, die Luire genannt, ange- baut iſt. Die Lage iſt angenehm und geſund. Zulezt habe ich noch einer Denkwürdigkeit bey Hardt einem Filialort von der Pfarre Ober-Enſingen Meldung zu thun: es iſt die ſo- genannte Ulrichshöhle oder der hohle Stein, ein waldichter Grund, kaum eine halbe Viertelſtunde hinter Hardt, weſtwärts gegen Grötzingen gelegen. Herzog Ulrich verbarg ſich daſelbſt einige Tage auf ſeiner Flucht, und wurde von 4 Hardter Bür- gern (aus ſoviel beſtund der ganze Hof damals,) mit Lebens- mitteln erhalten: er bot ihnen dafür eine Gnadenbezeugung an, ſie baten aber um mehr nicht; als um die Erlaubnis, einen Fuchs, den Verwüſter ihrer Saaten zu tödten. Ulrich — ſo lautet die Tradition ferner — gab ihnen nicht nur den Fuchs Preis, ſondern ſchenkte ihnen auch theils vollkommene Steuer- freyheit, theils Freyheit von allen Jagd- und Frohndienſten: Und dieſer Freyheit genieſſen die ſogenannten Hardter Hof- bauren noch bis auf den heutigen Tag.

Mit dieſer Ulrichshöhle, (die eigentlich ſchon auf Wolf- ſchluger Markung ligt) hat es nun folgende Beſchaffenheit. Sie iſt ein vertikaler, (horizontal betrachtet) platt bogenförmiger, gröſtentheils 2½ Fuß breiter, und von 6½ bis 10½ Fuß hoher, und zwiſchen 10 und 11 Fuß langer Ritz über der Mitte einer freyſtehenden, über und unter 10 Fuß breiten, aber vielfach längeren (wahrſcheinlich Silber-Sand-) Felſenmaſſe, deren Höhe von etwa 20 Fuß ſich durch 3 Hauptabſtuffungen bergab

der

verliert; mit einer vielleicht meistens 8 Fuß dicken Felsendecke, welche nördlich nur beym westlichen Eingang ein wenig aufligt. Die westliche Oefnung, welche der bequeme Eingang ist, mißt 6½ Fuß: von da an ist der Boden abhängig, die Decke aber zieht sich immer mehr in die Höhe. Ein schmales länglichtes Steinstück zum Niedersitzen raget aus dem Laub hervor. In der Mitte nördlich lässet die Decke etwa 1 Fuß 4 Zolle hoch in der Oefnung eines niedergedrückten Dreyeckes einiges Licht ein. Die östliche Oefnung der Höhle ist von der Natur mit Felsenstücken, die in unregelmäßiger Richtung und in grosser Menge da herumliegen, unten verrammelt; sie ist bis zur Decke 4 — 4½ Fuß hoch. Das obere Stück der Felsenmasse hat nach dem Augenmaß die Höhe von 20 Fuß, und etwa zweymal so lang möchten beyde Stücke seyn. Dieses obere Stück kann man als dreyschichtig betrachten, wiewohl sich noch Spuren von mehrerer Zertheilung zeigen. Die untere Schichte hat mit der Höhle gleichen Anfang, ist unten mit Moos und Farrnkraut bewachsen. Die mittlere Schichte ist von 8 Fuß: die obere etwas niedriger mit einem Vorschuß über die Kluft, welche die von der mittleren Schichte abgerissene und mit einem kleinen Absatz bis zur Mitte der unteren Helfte fortlaufende Decke der Höhle bildet; welche Kluft zur Seite eben so weit als die Höhle, nemlich 2½ Fuß befunden worden. Auf der westlichen Seite ist aussen fast alles mit einer gestreiften braunen dünnen Rinde überzogen; die Streifen gehen horizontal: der übrige Theil der Höhle ist grünangelauffen. Beyde Hälften hängen ein wenig bergab; die untere neiget sich auch von Osten gegen Westen: daher kommt es, daß die Seiten der Höhle verschoben sind, und die Decke beym Eingang einen kleinen Vorschuß bildet.

Ver

Vermuthlich ist diese Kluft durch eine ausserordentliche gewaltsa-
me Naturwirkung gebildet worden: es wird dieses sowohl durch
die ziemlich auf einander passende Unebenheiten der Wände der
Höhle wahrscheinlich, wenn man sie als verschoben betrachtet,
womit noch die obere Kluft übereinzustimmen scheint; als auch
durch die Neigung der Lage zweyer in einiger Entfernung von
den Seiten des hohlen Steins liegenden grossen Felsenmassen,
wovon die östliche und nächste etlich und 50 Grade von der Ho
rizontallage abweichen mag; da hingegen in einer Entfernung
von etwa 70 Fuß, auf eben dieser Seite, eine freystehende
stumpfe Felsenspitze mit horizontalen Lagen ins Aug fällt, welche
von der Ebene herunter dem hohlen Felsen an Breite und
Höhe ziemlich gleich siehet, bey diesem aber sich in Gestalt eines
breiteren aufrechtstehenden abgestumpften Kegels darstellt.

II. Zur Hydrographie

des Gebiets der Aych ist noch anzumerken:

Zu Holzgerlingen ein Gesundbrunn. Es ist gegen Mauren zu, bey dem sogenannten Schützenbühl eine lebendige
Quelle, welche vor Alters nach Anzeige des hiesigen Lagerbuchs
das Ludlenbad genannt worden. Das Wasser solle daselbst
häufig abgeholt und zum Baden bey allerley Zufällen, abson-
derlich der Krätze, mit gutem Erfolg gebraucht worden seyn.
Ob ehmals ein Badhaus dabey erbaut war, ist weder aus Tradition noch übrig gebliebenem Spuren zu schliessen; auch ist das
Wasser selbst bisher noch keiner eigenen regelmäßig veranstalteten
Prüfung unterworfen worden.

G 5 III. Die

III. Die Produkte des Mineralreichs

wollen wir nach eben der Ordnung betrachten, daß wir die
Bezirke einzeln vor uns nehmen, und zwar

1) den Landesstrich vom Ursprung der Aych bis zum
Einfluß der Schaich.

Um Holzgerlingen ist das Erdreich fast durchgehends letticht, leimicht und leberkiesicht; und daher der Fruchtbarkeit
hinderlich. Der tiefere Grund ist ein Kalkfels. Steine zum
Bauen manglen gänzlich, und müssen daher aus dem Schönbuch herbeygeschaft werden, so meistens Sandsteine und dergleichen Quader sind. Zu einem schwarzen Kalk können hinter den Weinbergen (sonst aber nirgends auf der Markung)
Steine gegraben werden; der Ziegler macht daher keinen Gebrauch davon, und bohlet daher seine Kalksteine zu lauter weissem Kalk lieber zu Eningen *). Auf einer gewissen Höhe,
an dem Oeschelberg stehet ein sehr rauher Kalksteinfels zu Tage,
welcher Adern führet, so ins gelblichte und röthlichte fallen,
er ist aber kaum zu verarbeiten, auch der Politur nicht fähig.
Ganz anders verhält es sich zu Schönaich (ebenfalls Böblinger Oberamts) wo der Boden der Markung meistentheils sandicht, auch in besonderen Plätzen leimicht ist. Dieser gröstentheils vorhandene Sandboden ist mit Leberkies durchzogen, auch
mit dreyerley, als rothem, blauem und weissem Letten vermischt; wie denn schon mitten im Flecken sich ein auffallender
Abschnitt erzeigt, daß in der kleinen Gasse weisser Letten, in
der grossen aber gelber Leimen sich befindet. Die Berge führen

*) Ist etwa dieses die Marmorart, welche Herr Prof. Gmelin im
Naturforscher XIII. St. als schwarz, mit weissen Adern an-
führet?

ten meistens Sandsteine, nur hie und da zeigen sich blaue harte
Pflastersteine. Die Steine der drey hier befindlichen Steinbrüche
können als Werksteine benüzt werden; die übrigen Baumaterialien aber, als Kalk und gebrannten Zeug, bringt man von
den nahe liegenden Orten, Sindelfingen, Eningen ꝛc. herbey. Letten zu Hafnerarbeit ist vorhanden. Um die Weinberge stößt eine schwarze sehr rauhe Marmorart, mit weissen
kalkspathartigen Flecken zu Tage aus, auch finden sich in dergleichen Matrix allerley Petrefaktenarten zerstreut, selbst auch
kleine Fragmente versteinerter Fische. Auf den Feldern finden
sich auch eine Menge Kiesel und Feuersteine. Endlich, so fehlet es nicht an Spuren und deutlichen Anzeigen auf Torf in
den sumpfichten und moosichten Saistenwiesen, Eberwiesen,
Vogtwiesen, Holderbrunn ꝛc. eigentliche Versuche darauf
sind jedoch noch nicht angestellt worden.

Waldenbuch hat häufig Sandsteine zum Bauen; auch
der Boden ist meistens sandicht und untermischt lettigt, daher
von keiner guten Beschaffenheit. Kalksteine werden in 2 Ge-
genden, in der Zellg Kalkofen, wiewohl nicht von der besten
Gattung gefunden. Zur Chaussee werden dergleichen blaue
Steine nordwärts auf dem Groppachberg und auf den Gais-
Aeckern gebrochen: oben findet sich gebaute Erde, hernach Kalk-
steingelese, unter diesem Leberkies, und endlich die Schichte des
Blausteinfelsen, der in zerschiedener Mächtigkeit von 2 — 3
Fuß dahin streicht: Der Kalksteinbruch liefert häufige insitzende
Ammonshörner und andere Petrefaktenarten. Hiesige Hafner-
und Zieglererde ist sehr mittelmäßig. Oberhalb vom Städtchen
gegen Westen, möchte wohl die Gegend im Rohr nicht ohne
Torf seyn.

Weyl

Weyl im Schönbuch wechselt bey seinem Boden auf
seiner Markung in einer geringen Entfernung sehr ab, meistens
ist er leimicht, letticht, stark und kalt; noch nässer und kälter
ist der Boden des nahe gelegenen Schaichhofs s. unten. Die
zu Tage liegende Steine sind Sandsteine und harte blaue Kalksteine; leztere, wenn sie in einiger Tiefe ausgegraben werden,
mit einer ockergelben Rinde beschlagen. Es hat hier eine Ziegelhütte, aber der Kalk ist grau und schlecht. Die vorhandene
grobe Sandsteine können, wenn man sie sauber behauet, noch
wohl zum Bauen, auch zu Quadern gebraucht werden. Die
hiesige und Dettenhäuser Hafner können, wenn es bestellt
wird, theils aus rother, theils und vornemlich weisser Erde,
darinnen weisser Glimmer glänzet ein ziemlich feuerbeständiges
Geschirr zu machen; zum Gebrauch bey Porcellan aber ist es
von der Herzoglichen Fabrik nicht für tauglich erfunden worden. Von den unterirdischen Erdschichten hat sich an dem
Berge noch nicht seit langer Zeit einiges, und zwar folgendes,
entdecken lassen: Weyl im Schönbuch ligt auf einem Rücken
desjenigen Hügels, welcher das Schaichthal und Todtenbach-
thal scheidet. Der Ort hat nur 2 laufende Brunnen, einen
an der südlichen, und den anderen an der nördlichen Abdachung
des Hügels; und diese Lage ist zum Wasserholen und Vieh-
tränken sehr beschwerlich, auch des Winters gefährlich. Sie
scheinen nicht viel Fall zu haben. Im Pfleghof ist ein Schöpf-
brunn, 67 Fuß tief, der $8\frac{1}{2}$ Fuß Wasser hält. Dieser Mangel an Brunnen veranlaßte unlängst einige Bauren, vor ihren
Häusern 2 Zieh- oder Pumpbrunnen graben zu lassen. Sie
wurden etwa 60 Fuß tief, und es ergaben sich folgende Schichten: Bey dem ersten

1) eine

1) eine Schichte Leimen 1½ Fuß tief.

2) Harter gelber Leberkies 16 Fuß.

3) Blauer harter Kalkfelß, mit weiſſen Strichen, wels glänzenden Ammonshörnern und anderen Cochliten ꝛc. völlig 1 Fuß dik.

4) Gelber harter Felſen, 3 Zolle dik.

5) Hellblauer ſehr harter Felſen, wie der von N. 3. aber härter und blauer, 5 Fuß dik.

6) Harter grober Leberkies 24 — 25 Fuß tief.

7) Wieder ein blauer Felſen, wie N. 5. nur nicht gar ſo hart, 1½ Fuß.

*) Dieſe blaue Felſen hatten ſenkrecht in die Tiefe gehende, 2 Zolle weite Klüfte, welche, ſo dik die Felſen waren, durchſezten. Die Arbeiter unterſuchten gemeiniglich, ehe ſie den Felſen angriffen, die Tiefe mit dem Richtſcheid, und fanden die Tiefe ſo groß alß der Felſen mächtig war.

8) Wieder harter gelber Leberkies, 10 Fuß.

9) Ein blauer harter Felſen, 1 Fuß.

10) Ein ſchwarzer harter Schiefer, 10 Fuß.

*) Zwiſchen dem blauen Felſen N. 9. und dieſem Schiefer kam die erſte Waſſeraber von Weſten her.

11) Ein ſchwarzes rauhes Felſenblatt, nur 1 Zoll dik, ſizt faſt auf

12) einem weiſſen Felſenblatt; (woraus Wezſteine zu Senſen gemacht werden könnten) auch nur 1 Zoll dik.

*) Dieſe beyden Blätter können von einander geſpalten werden, daß von keinem nichts an dem anderen hangen oder kleben bleibt.

**) Sa

**) Sobald auf das schwarze Felsenblatt Wasser kommt,
so wird es klebricht, und so glatt als Saifen; an sich
ist es hart und trocken: so bald es an die Sonne kommt,
zerfällt es zu Pulver.

13) Unter dem naissen Felsenblatt folgte wieder schwarzer
Schiefer, und zugleich das Wasser völlig, aus 3 Adern,
deren jede 1 starken Fuß von der anderen abstunde, und
zwar aus jeder 1 guten Zoll dik, von der westlichen
Seite. Man grube in diesem schwarzen Schiefer noch
6 Fuß tief, fand aber kein Wasser mehr, sondern das
Wasser schwellte sich aufwärts, so das der Brunnen nun
16 Fuß tief Wasser hat. Es stiege vielleicht noch höher,
wenn es nicht von dem Leberkies, zu dem es herauf-
kommt, verschluckt würde. Alle Stunden liessen 3 bis 3½
Aymer Wasser aus den 3 Adern.

*) Die westliche Seite, von der das Wasser kommt,
strekt sich gegen dem höher gelegenen Bronberg, und
es ist kein Thal dazwischen. Eben daher kömmt auch
die Schaich und das Bächlein, das den hiesigen See
füllet, auch welchem hernach der Todtenbach kommt.

Diese Felß- und Erdschichten alle liegen nicht völlig horizontal, sondern erheben sich südlich. (In der Sohle des ge-
grabenen Raums etwa 1 Zoll.)

Der zweyte Brunnen
ligt von diesem 400 Fuß nördlicher, auf gleicher Ebene. Es
wurden folgende Lagen angetroffen:

1) Gelber Leimen. 19 Fuß.

2) blauer Felsen, wie der im ersten Brunnen, 1 Fuß

3) gelber Leberkies, 6. Fuß.

4) blauer

4) blauer Felsen, 3 Fuß.

5) harter gelber Leberkies, 20 Fuß.

6) blauer Felsen, $1\frac{1}{2}$ Fuß.

7) Leberkies, 3 Fuß.

8) blauer Felsen, ungefehr 10 Zolle dik.

*) Unter diesem kame das erste Wasseräderlein von Norden (hat sich vielleicht durch eine Felsenkluft nördlich gezogen.)

9) Schwarzer harter Schiefer. In diesem wurde 8 Fuß tief gegraben, und das Wasser kame in 4 Adern von Westen. Noch wurde 3 Fuß tieffer gegraben, es kam aber kein Wasser mehr. Dieser Brunn schwellte sich 10 Fuß hoch.

Der tieffere Grund ist immerhin Sandfelß, der sich beynahe unter dem ganzen Schönbuchswald hinstrekt. Nur erst unlängst wurde ein neuer Mühlsteinbruch im Wiesenthal gegen Waldenbuch aufgegraben, bey der sogenannten Todtenbachmühle. Eigentlich aber ist Dettenhausen (ein Filial von hiesiger Pfarre) das Vaterland der Mühlsteine (S. bey der Schaich) Figurirte Steine gibt es in blauen Kalkfindlingen hier ziemlich, aber nur von der gemeinsten Art, und meistens Ammonshörner, jedoch diese manchmal von ziemlich beträchtlicher Größe, bis gegen 1 Fuß im Durchmesser. Torf vermuthet man auf einer hoch gelegenen Waldwiese von Weyl südostwärts, der Gunsberg genannt; der Ort ist meistens überall auch bey trokenem Wetter sumpficht, und ein Plaz über 50 Morgen. Noch habe ich hier einer ehmaligen Bergarbeit zu gedenken: nahe bey Weyl im Schönbuch, an dem Rothenberg, wurde ehmals ein Stollen getrieben, der nun gänz

gänzlich zerfallen, oder vielmehr verschüttet ist, sein Mundloch
war gegen Mitternacht durch röthlichten Sandstein. Die kleinen noch übrigen Stüfgen, die man von der Halde, als sie
noch offen lag, klaubte, sind eine Steinkohlen Art, sehr zer-
klüftet, oder vielmehr Gagat mit durchsetzenden häufigen zarten
weissen Spatadern, und Schwefelkiesnestern. Weitere Nach-
richten sind mir nicht bekannt.

Noch ist uns das nordwestlich sich gegen die Aych her-
ziehende Reichenbacher-Thal zu betrachten übrig, und dabey
zuerst Mußberg. Das Gestein ist hier fast durchgängig,
vornemlich aber gegen dem Böblingerwald zu, Sandfelß
und insonderheit zu Obraichen und Rohr häufiger Sandboden; doch findet sich auch Letten. Mußberg hat Zieglererde
auf der Anhöhe wo man auf den Aeckern 8 bis 10 Fuß tief
graben kann. Vorzüglich gute Hafnererde ist in Röhrer-
und Dayhinger Markung. Erst kurzlich im Jahr 1788 wurde von dem sich damals noch in Mußberg befindenden Herr
Pf. Zenner eine nähere und nicht unwichtige Bemerkung auf
Torf gemacht, welche nachmals auf Herzogl. Gn. Befehl nach
genommenen Augenschein und Gebrauch des Bergbohrers durch
den Hr. Leibmedikus D. Jäger und Hr. Amtsoberamtmann
Günzler noch genauer bestimmt worden. Es wird auf Muß-
berger Markung in dem $\frac{1}{4}$ Stunde vom Ort entlegenen westlichen Thal gefunden, wo das aus verschiedenen Quellen vom
Wald herfliessende Wasser zuerst den Namen Reichenbach führet. Der Plaz ist Allmand, theils nach Böblingen, theils
der Commun Mußberg gehörig, zwischen Wald und dem eine
Mühle treibenden Bach: sehr sumpsicht, und zum Nachwachs
des Holzes oder guten Futtergrases untauglich, und fast ganz

mit

mit Moos und Sumpfpflanzen überwachsen. Die über dem
Torf liegende Dammerde oder der sogenannte Oblast, ist gering,
oft nur einen halben oder ganzen Fuß hoch, so daß man an
den meisten Stellen sogleich nach hinweggestochenem Moos auf
den Torf selbst kommt. Die Tiefe des Torfs ist sehr unterschieden: an einigen Stellen von 3 bis 4 Fuß, an anderen brachte
man noch mit dem Bergbohrer aus einer Tiefe von 12 Fuß
brauchbaren Torf herauf. Die Grösse des ganzen Torfplatzes ist
5 bis 6 Morgen, wird aber, da der Torf an einigen Stellen nur
4 Fuß tief ligt, und man bey dem wirklichen ausstechen deß-
selben von dem nächst dabey vorbeystreichenden Mühlgraben
6 bis 8 Fuß hinweg bleiben muß, um ein ziemliches geringer.
Der Torf selbst ist von mittelmässiger Qualität, nicht mit sehr
reichlichem Berg- oder Erd-Oel durchdrungen, sondern meistens
aus vermoderten Wurzeln, Schilf, Holz bestehend (zum Theil
dem in Westphalen sogenannten Blundertorf nicht unähnlich,
daher er eher mit einer leichten Flamme, als mit einer stark
erhizenden und anhaltenden Kohle brennt. Schon im Jahr
1788. d. 18 Nov. wurde der Commun Mußberg g. erlaubt,
einen Torfstich auf diesem ihrem Gemeindplaz ohne Bezahlung
einer Abgabe führen zu dürfen, es wollte aber, alles Zuspruchs
ungeachtet, weder die Commun noch einzelne Bürger zu dieser
Unternehmung sich verstehen, die ihnen immer noch allzusehr
gewagt scheinen wollte. Es übernahm daher der in Stuttgart
wohnende Hr. Obristlieutenannt Zech 1789 den Plaz von der
Commun gegen ein Bestandgeld, und machte sogleich mit dem
Stich eine Probe, will auch in gegenwärtigem Frühjahr 1790
(da ich dieses schreibe) die Unternehmung mit allem Ernst
fortsezen, zumal da er auf einen Torf von vorzüglicherer Be-

Drittes Heft.   H   schaf-

schaffenheit gekommen; wobey nun mehrere Bürger von Musberg ihre bisherige Sorge und Mißtrauen vergeblich bereuen.

Auch Steinenbrunn hat Sandsteinbrüche und Sand in
Menge und es finden sich hie und da nur wenige blaue (Kalk)
Steine. Auch der etwas bessere Boden ist mit Sand untermischt, und die Aecker dürfen nicht tief gepflügt werden, weil
man auf immer schlechteren Boden trift. Diese Beschaffenheit
ist dennoch hier der Fruchtbarkeit weniger günstig als in den
benachbarten Filderorten. Auf einem sehr kleinen Plaz,
Badrein genannt, ist Torf zu vermuthen.

2. Das Gebiet der Schaich
liefert ungeheure Sandstein-Bänke. Zwischen Dettenhausen
und Neuenhaus sind die weit und breit bekannte und belobte
Mühlsteinbrüche welche der Schaichberg theils in feinerem
nicht sehr ungleichem Korn, weiß und ziemlich compakt und
hart zu tüchtigen Mahlsteinen darbietet, theils von gröberem
Korn und röthlichten Bindungsmittel, und weniger compakt zu
brauchbaren Gerbsteinen. Und so ziehet sich diese mächtige
Sandsteinschichte, das Grundlager beynahe des ganzen Schönbuchs, nach Neuenhaus und lässet seine Felsen öfters 3, 4, 5
Fuß zu Tage hervorsteigen. Die Markung hat in den Feldern
gröstentheils rothsandichten Boden, nur die Streitäcker, zum
Uhlbergsösch gehörig, führen einen ziemlich starken weißlei-
michten Boden. Der Graibichklingbrunn im Aycherthal, der
Mönchsbrunn, (und einige andere Quellen in den Schaich-
wiesen) erzeugen in ihren Klingen auch Tauchsteine. Sonsten finden sich bey Steinbrüchen auf dem Bezenberg:

1) rother sandichter Boden;

2) weisse Hafnererde, (von der Hafnerey rede ich sogleich)

3) nach

3) nach dieser, Felsen von rauhem Sandstein, zur Gerb-Mühle tauglich, wovon viele in die Schweiz und nach Bayern verführt werden.

4. unter diesen Felsen befindet sich manchmal wieder gute Hafnererde; manchmal auch weiße Erde mit schwarzen Adern vermengt, die von den Hafnern Haubenerde genannt wird; woraus sich zwar kein Geschirr verfertigen lässet, die aber doch zu Beschüttung des trokenen Geschirrs gebraucht wird, damit die Glasur desto haltbarer sey.

Auf dem Uhlberg zeigen sich bey Steinbrüchen;

1) weisser mit Erde vermengter Sand;

2) Mergel, womit man die Aecker zu verbessern pflegt, welche einen naßkalten Boden haben;

3) blaue und weiß vermengte Erde woraus Hafner-Geschirr verfertigt werden kann;

4) zarter Sandsteinfelß, welcher zu Mühlsteinen auf die Mahlgänge zu gebrauchen ist.

Bey der mineralogischen Betrachtung dieser Gegend kann ich nicht umhin, der Hafnerey zu Hafnerneuhausen noch ausführlicher zu gedenken. Der Ort heißt in den Urkunden Neuenhaus, hat aber von der Hafnerey, als seinem Hauptgewerbe, den angezeigten Namen bekommen. Gegenwärtig sind 40 Hafnermeister hier vorhanden, denn meistens lehrt jeder Vater seine Söhne, und wenn er deren 4. 5. hat, wieder sein Handwerk; daher die Zahl der Meister nach und nach so zunimmt. Die Ursache, warum die Hafnerschaft diesen Ort zu ihrem Etablissement ehmals gewählt hat, ist, weil nicht nur

der

der Hafnerthon ganz nahe beym Ort in genugsamer Menge
zu finden ist, sondern, weil auch in vorigen Zeiten Holz in
Menge und Ueberflus aus dem Schönbuch zu dem Handwerk
geholt werden durfte, welches aber sich heut zu Tage viel seltener gemacht hat: denn nun bekommt ein Hafner weiter nicht
als jährlich 1 Klafter Holz aus dem Schönbuch, jedoch im
Gnadenschlag, nemlich Ein Klafter jung Buchenholz auf dem
Stamm um 2 fl. 30 kr. jung Eichenholz um 2 fl. und wenn
es alt Buchen- oder Eichenholz ist, um 1 fl. 30 kr. (Es kostet ihn aber noch wenigstens 1 fl. 30 kr. bis ers vor dem
Haus hat) Was er weiter von Holz braucht, das muß er
suchen, in den 2 Wochentlichen Holztägen am abgängigem
Holz, und vermittelst Ausgrabens der Stumpen, die ihm
ebenfalls vom Oberforstamt angeschlagen werden, zu bekommen. Die Erde zum Geschirr graben sie eine kleine Viertel-
Stunde von hier, oben auf dem Berg, der auf der Abendseite ligt. Sie finden fünferley Gattungen:

1) weisse glatte Erde, die sonderlich zu Milchtöpfen, weil
diese nicht zum Feuer gestellt werden, tauglich ist.

2) weisse rauhe, die zum Kochgeschirr taugt, weil sie beym
Feuer haltbarer ist.

3) rothe, rauhe, zu Schüsseln.

4) rothe, glatte, zu Schüsseln und Krügen.

5) blaue, die aber etwas seltener ist, und beym Brennen
im Hafner-Ofen weiß wird. Taugt auch zu Koch-
töpfen und Milchgeschirr.

Jeder Hafnermeister muß für die Erde, deren er graben
darf, so viel er will, der Herrschaft jährlich 100 Eier geben.
Aus dieser Erde nun werden von den hiesigen Meistern alle
                                                    Arten

Arten von irdenem Kuchengeschirr, auch Ofenkacheln, Ziegel
blatten, Blättlein womit die Kirchthürme und Gartenhäuser
belegt zu werden pflegen, Blumen- oder Garten-Scherben,
Apothekerkrüglein und Schmelztiegel verfertigt. Wenn ein
Meister einen Brand von Geschirr machen will, so braucht er
so viel Erde dazu, daß er 2 Tage genug daran heimzutragen
hat. Ein Brand bestehet aus 1200 bis 1600 grossen und
kleinen Stücken. Wenn ein Hafner 1000 Milchtöpfe, deren
100 ein fertiger Meister in 5 Stunden (wenn die Erde völlig
zugerichtet und in so viele Klösse oder Stücke, jedes von $\frac{5}{4}$ Pf.
abgetheilt ist) drehen kann, in den Ofen eingelegt, so kann
er dazu noch etwa 600 andere Stücke, auch noch etliche 100
Deckel einlegen. Einen ganzen Brand kann er, wenn ihm
seine Leute die Erde zurichten, Sommers innerhalb 3 Wochen,
Winters in 4 bis 5 Wochen fertig machen. Dazu braucht
er Erz, das gemahlen wird, für 3 fl. und Kupfer für 30 kr.
zum Glasiren, und $\frac{1}{2}$ Klafter Holz zum brennen. Die meisten
Hafner fertigen neben ihrem übrigen Feld- und Hausgeschäft
jährlich 4 solche Brände, manche auch, die viele Leute zur
Beyhülfe haben, 6 bis 8 Brände. Mit Einlegen, Brennen,
und Ausnehmen bringt er mit Hülfe etlicher Personen 24
Stunden zu, insonderheit aber muß das Feuren dabey 8 Stunden lang währen, wenn das Geschirr genugsam gebrannt seyn
solle. Die sämtlichen hiesigen Hafner haben weiter nicht, als
2 Brenn-Oefen, welche etlichen Meistern eigenthümlich zuge-
hörig sind. Ein Ofen-Innhaber aber bekommt von dem
Meister, der einlegt, für jeden Brand, neben der Asche, die
jedesmal 1 Grl. betragen mag, 8 kr. er muß aber den Ofen
auf seine Kosten im Stand erhalten. Wenn ein Meister sei-

H 3   nen

nen Brand nicht auf einmal mit einem Wagen wegführt,
(welches ihn mit allen Unkosten, und je nachdem er an einen
näheren oder entlegenern Ort fähret, auf 3 bis 5 fl. zu stehen
kommen kann) sondern auf seinem Rücken in die benachbarte
Orte trägt so kann er etwa auf 12 Gänge seines Geschirres
los werden, und dörfte auf ieden Gang 15 kr. verzehren.
Aus einem Brand, wenn er wohl gerathen, kann er 16 bis
18 fl. lösen.   Die hiesigen Hafner tragen ihr Geschirr in der
ganzen hiesigen Gegend herum, 2 bis 4 Stunden weit, und
haben sich auch so ziemlich in die Gegenden eingetheilt, ohne
sich jedoch genau daran zu binden.   Sie dürfen aller Orten
wo kein Hafner ist, in ganz Wirtemberg hausiren und auf allen Jahrmärkten feil haben.   Sie führen oft ausser den Jahrmärkten ihr Geschirr ins Unter- und Oberland, in Gegenden
wo keine Hafner sind, und an dem Verschluß ihrer Waare fehlet es ihnen selten.

3) Gegend um die Aych nach Aufnahm der Schaich.
Aych hat mageres, sandichtes und steinichtes Erdreich.   Die
meisten Gegenden von Wiesen, Gärten und Aeckern sind theils
von Kalk theils Sandsteinen durchstochen, und wo sich diese
nicht finden, ist der tiefere Grund Leimen und Letten: daher
muß der Bauersmann vorsichtig seyn, wenn er mit dem Pflug
auf den Acker fähret, daß er das Eisen nicht zu tief richtet;
sonst bringt er schlechten Boden hervor, und der gute verliert
sich, welches der Fruchtbarkeit, auf etliche Jahre, aller nach-
maligen Besserung ungeachtet sehr schädlich ist.   Dieses wissen
und verstehen alte und erfahrne Ackerleute wohl und verhüthen
es sorgfältig; jüngere und unverständige, insonderheit fremde,
und neue Ankömmlinge, werden erst mit Schaden klug.   Sand
führet

führet der Bach in Menge so klar, rein und zart, daß er ungeräden und ungeschossen zum Bauwesen vortreflich zu gebrauchen ist, wovon auch auswärts, besonders auf die Filder aller Orten viele hundert Kärren jährlich um billigen Preis erkauft und weggeführt werden. Rothgelber Leimen und grauer Letten wird viel gegraben und lezterer besonders zu geschlagenen Böden in Baköfen mit vorzüglichem Nuzen gebraucht: auch gibt' es hier schwarzen Letten den man zu Scheuren-Thennen gebraucht, und der insonderheit den Müllern an ihren Mühlwöhren und Kühnern zum verkitten wohl taugt. Von Kalkstein-Geleesen sind alle Gassen, Strassen, und Felder voll: sie verursachen aber bey ihrem unnöthigen und blos den Behuf der Faulheit oder des Eigensinnes zum Grunde habenden Verbrauch manchen nicht unbeträchtlichen Nachtheil: denn vielfältig werden sie zu Mauren und Wandungen in Häusern verschaft, wodurch allezeit geschiehet, daß vom Ausdünsten der von ihnen in Menge eingesogenen Feuchtigkeiten nicht allein die Fenster bey Zeiten verderben, sondern auch die Kisten und Kästen, samt Kleidern und Leinwand molzisch werden und mit der Gesundheit der Menschen Schaden nehmen. Möchte es doch zu entschuldigen seyn, wenn Mangel an Sand-und Tauchsteinen in der Nähe wäre! — In der nächsten Nachbarschaft finden sich die mächtigste Sandsteinfelssen; wie denn aus den Steingruben, meistens in den Herrschaftlichen Waldungen, viele tausend Mühlsteine gebrochen, und in die Schweiz und nach Bayern verführet werden: doch mehr auf Bonländer-Schlaitdorfer-und Altenriether-Markung kaum aber ½ Stunde von hier. Hier wo sich ebenfalls unzählige Felssen hervorthun, werden mehr Stein-Säulen und

Quader

Quadersteine, als Mühlsteine gebrochen, und in die Nachbarschaft umher verschlossen. Auf etlichen Thalwiesen, welche
viel Regenwasser von ihren anliegenden Bergen aufnehmen
müssen, findet sich sumpfichtes Erdreich, darinnen oft Menschen
und Vieh bis über die Knie versinken; am sogenannten
Schwarzen Graben möchte wohl Torf zu graben seyn, allein es würde den Kosten nicht austragen, da der Plaz nur
einen kleinen Raum fasset, und alle Anstalt bey den öfteren
Ueberschwemmungen verdorben würde. Von Petrefakten, finden
sich nur gemeine Conchiten, Ammonshörner und Belemniten.
Grözingen hat in nicht sehr grosser Entfernung nicht nur
den erstgenannten Steineberg von vortreflichen Sandfelßsteinen;
sondern es ist auch oben vom Klingenbach gemeldet worden,
daß er bey seinem Anwachsen grosse Felsblöcke von seinem anliegenden Berge in die Grözinger Viehluzelegert, herab-
spühle: es ist solches ein harter Silber-Sandstein, von welchem
das Grözinger Gassen-Pflaster gemacht ist, und wegen der
Härte des Steins auch unterhalten wird. Sonsten gebrauchet man
hier zum Bauen graue, auch blaue und gelbe Kalksteine, die
schichtweise daliegen. Der hiesige Ziegler holt seine graue Kalksteine aus der sogenannten Steingrube auf dem Fröschegarts-
berg in hiesiger Markung, den Leimen aber auf der Salzlek-
ken: die weisse Kalksteine führt er vom Neckar bey Thailfingen, öfters noch weiter herbey. Wolfschlugen muß seine
Steine und Baumaterialien aus der Nürtinger Markung
sich anschaffen, von woher solche in der besten Qualität zu haben sind. Die Felder sind hier meistens leimicht und Ziegler-
erdicht; da nun das leimichte Erdreich das Regenwasser nicht
allzuleicht verschlukt, so kann das Feld Dürre ertragen, und
die

die Nässe verursachet hier mehr Mißwachs als anderer Orten:
auch unter der oberen schwarzen Erde findet sich bald Letten.
Zu Oberensingen, Nürtinger Oberamts, verdienet die mächtige und hier abermal zu Tage ausstechende und so nützbare
und berufene Sandfels-Strecke eine besondere und vorzügliche
Betrachtung. 1) An der Abendseite dieses Dorfs fängt sich
eine lange unregelmässige Strecke von Hügeln und Felsenstül-
ken an, die fast gerade von Westen nach Osten ihren Lauf
nimmt, den Wolfschlugerwald zur nördlichen und den Aychfluß zur südlichen Gränze hat, und gegen den lezteren Fluß
abhängig ist. Innerhalb dieses Bezirks, der beynahe andert-
halb viertel Stunden in die Länge und 300 bis 400 Schritte
in die Breite sich erstrecket, und meist eine ungebaute unfruch-
bare Heide, jedoch in der Nähe des Dorfs mit Weinbergen,
die seit etwa 25 Jahren neu angelegt worden, auch hin und
wieder mit feuchten sumpfichten Plätzen, und zum Theil aus-
getrokneten Seen untermischt ist, werden die bekannten hiesigen Mühlsteine gegraben. Zu den Weinbergen, die zwischen
und auf diesen Felsen liegen, ist die Erde meist durch Kunst
nach und nach herbeygeschaft worden, bis sie den gegenwärtigen Stand der Cultur erreicht haben. Gegen das Beet
des Flusses kann das Gebirge, so die Mühlsteine liefert, und
das sich längst desselben erstrekt, nicht sehr hoch liegen, da an
einigen Oertern in der Nähe des Flusses, wo man zu graben
anfieng, das ausgetrettene Wasser schon in einer geringen
Tiefe die Arbeit aufhielt. Das gemeldte Gebirg wechselt nicht
sowohl mit anderen Bergen, sondern verliert sich allmählig in
eine Ebene östlich gegen das Dorf und westlich gegen das Aychthal nach Grözingen zu. 2) Jede Mühlsteingrube hat zur

H 5 oberen

oberen Decke gewöhnlich eine rothe Erde: dann folgen noch
einige Schichten von Hafner = Erde von zweyerley Art, oder
auch in anderen Gegenden von einer Art lettichten Sandschie-
fer, indessen äussern sich hier mehrere Abwechslungen, so daß
unter der rothen Erde bald diese bald eine andere Erdart zunächst zu liegen kommt.   Hierauf folgen nun die eigentliche
Mühlsteine, wovon gewöhnlich 5 verschiedene Bänke, je zuerst
mit zärteren, denn mit rauheren Steinen auf einander liegend
gefunden werden: wiewohl man an anderen Orten, wo sich
tiefer graben lässet, auch noch öfters 3 und mehrere neue Schichten unter jenen 5 ersteren antrift.   Die gröste Mächtigkeit
einer solchen einzelnen Mühlsteinschichte, die jedoch selten vorkommt, beträgt 9 bis 10 Fuß. Die rauhesten Steine liegen
am tiefsten, und sind zu Mühlsteinen am brauchbarsten: zwischen den oberen Schichten steht meistens röthlicht = grauer sandichter Letten mit sehr vielem Glimmer, oder röthlichter mit
weniger Glimmer in nicht sehr starken Lagen mitten inne.
3) Es werden immer an mehreren Orten zugleich Mühlsteine
gebrochen: der vornehmste Bruch gehöret der Herrschaft zu;
die übrigen Brüche, so der Commun zustehen sind in den Händen einiger Privatpersonen.   Die Steine werden hier in den
Gruben rund behauen, und der Zoll nach der Dicke oder Höhe des Steins gerechnet, zu 1 fl. 12 bis 20 kr verkauft, da
er sonst in anderen Gegenden nur auf 20 bis 30 kr. zu
stehen kommt.   Die hiesigen Mühlsteine werden häufig auch
nach Ulm gebracht, und von da gehen sie zum Theil auf der
Donau ins Bayerische und Oesterreichische und (der gemeinen Sage nach,) weiter nach Ungarn und bis in die Tür-
key.   4) Die Mühlsteine wechslen mit Sandsteinen, welche
im

im Grunde blos durch das zärtere und feinere Korn von jenen unterschieden sind. Nemlich zunächst den beträchtlichsten Mühlsteinbrüchen weiter gegen Abend (Grözingen zu) ist ein kleines Wäldchen, worinnen es ebenfals Sandsteine gibt: auf der entgegensezten Seite der Aych, im Neckarhäuserwald, gräbt man ebenfals blos Sandsteine, die man auch zu Quadern braucht; zu Mühlsteinen sind sie daselbst nicht mehr zu gebrauchen: indessen kunnte man auch bisher, weil auf entgegengesezten Seite meist Waldung ist, nicht so tief daselbst graben: Sandsteine gibt es noch bis in die Nähe von Neckarhausen.

5) Ausser den Mühlsteinen verdienet eine gewisse Art von Silbersandsteinen einige Aufmerksamkeit. Sie finden sich in sehr grosser Menge in eben der Gegend, wo man Mühlsteine gräbt, und ragen überall in Gestalt kleiner spiziger Felsen aus der Erde hervor, besonders an dem abhängigen Ufer des Aychflusses. Der Sand, den diese sehr harte Steine geben, ist von besonderer Feinheit, und Weisse, mit höchst zartem Glimmer vermischt. Die hiesigen Einwohner haben ehmals einen Handel damit getrieben, theils in die umliegende Gegend, theils nach Stuttgart; gegenwärtig gibt man sich weniger damit ab, es lassen sich auch vortrefliche Wezsteine daraus bereiten. Hafnererde findet sich hier in zerschiedenen Gegenden, die zum Theil sehr zart und fein ist, besonders in der Gegend der Steingruben. Sowohl in der Nähe der hiesigen Mühle, als auch in den Weinbergen hinter dem Dorf sind auf den Feldern häufige schwärzlichte und glänzende Bruchstücke ausgestreut; welche die vollkommene Aehnlichkeit mit Schlacken aus einem Glasofen haben: man hat zwar keine weitere Nachricht übrig, daß ehmals dergleichen hier gestanden; soviel aber weißt man, daß

in dem benachbarten sogenannten Tieffenbach, jenseits des Neckars vor uralten Zeiten mehrere Glasöfen vorhanden gewesen seyen.

IV. Die Fruchtbarkeit

ist in dem Gebiete der Aych etwas verschieden, und vorzüglicher, wenn sie die Waldgegenden verlassen hat.

1) Vor Aufnahm der Schaich

haben wir Holzgerlingen zuerst zu betrachten. Hier ist die Morgenzahl von Acker- und Baufeld ungleich grösser, als die von Wieswachs, welcher größtentheils schlecht und gering ist. Die Markung ist in drey Zelgen getheilt, welche die Namen Weyldorf, Mauren, und Hohloch haben. Um den Flecken herum, auf Hülben, Berken und hinter den Veigelinsgärten ist das Feld vorzüglich fruchtbar, und trägt allerley Gattung Früchten; Dinkel, Rocken, Gersten, und Hülsenfrüchte, welche ausgezeichnet besser gerathen, als auf etwas weiter entlegenen Feldern. Zum Aussäen auf 1 Morgen Acker wird gewöhnlich 1 Schfl. Dinkel gebraucht, welcher in guten Jahrgängen 100, auch mehr Garben und bis 10 Schfl. ertragen kann. Der höchste Ertrag bey guten Wiesen und günstiger Witterung ist Heu und Oehmd zusammen 2 bis höchstens $2\frac{1}{2}$ Wannen: größtentheils aber ist der Wieswachs schlecht und gering. Von Obst schlagen sogenannte Knausbiren hier am besten an und sind in Menge vorhanden; bey den Aepfeln die Constanzer und Fleiner. Flachs wird hier sehr wenig gebaut; Hanf etwas mehr. Der Rüben-Anbau geht nach und nach fast gänzlich ab, weil solche stark ausmägern; Erdbiren hingegen werden von einem Jahr zum anderen mehrere gezo-

gen.

gen, sonderlich auf den neuen Allmanden. Linsen keine, hingegen Erbsen, Wicken, Bohnen, welche jedoch selten gerathen.
Es gibt hier auch Weinberge welche aber schlecht sind, auch
den kalten Winden von allen Orten her, und folglich dem Erfrieren sehr ausgesezt: auch in den besten Jahrgängen liefern
sie nur schlechten Wein, und bey dem ergiebigsten Herbst auf
den Morgen 2 bis $2\frac{1}{2}$ Eimer. Die Waldung um hiesige Re-
fier hat lauter Buch- und Eichbäume; und kein Nadelholz.
Gegen die benachbarte Orte: Hildrizhausen, Altdorf, und
Schönaych ist die Kultur der Produkten aller Art etwas glück-
licher und das Feld in der Markung noch um etwas besser
als bey jenen; doch gegen andere im Oberamt Böblingen
(wohin Holzgerlingen gehöret) gelegene Orte weit schlechter
und geringer. Zu Schönaych sind die Namen der 3 Zellgen:
1) Zeegnerweg, und darinnen der besten Gewänder: Kir-
chenäcker, Lindenlauch, Wasen- und Zeegnerwegäcker,
Hofäcker, Mauremerwegäcker, wo nemlich zur Noth, auch
in der Brach, Kraut, Rüben, Flachs und Hanf gepflanzt werden kann. 2) Zellg Uhlberg und darinnen Bühläcker, Der-
lingerweg, Fronäcker, Uhlberg-Gänsäcker, beym Ar-
menhaus, Hülben- und Seeäcker. 3) Zellg Rotenberg
und darinnen Froschäcker, Steinbaß, Fronäcker, Linten-
steinbach, Ramsperg, Stelzen. Sie haben meistens 3 bis
serley Erdreich, durchaus aber schlecht, und der Ertrag wegen des vielen Sandbodens gegen die Nachbarschaft geringer;
man kann auch mit der so höchstnöthigen Düngung wegen
des um schlechter Wiesen und sehr entfernten dürren Waid-
gängen manglenden Viehes nicht aufkommen. Ein Morgen
erfordert zu Dinkel, Aussaat 1 Scheffel, und erträgt in den
                                                    besten

besten Jahren (gut = mittel = und schlechtes Feld verglichen)
Scheffel Rocken, Dinkel, Haber, Gersten wird am meisten ge=
baut: Erbsen, Wicken, Bohnen, Einkorn wenig: Erdbiren
häufig: Kraut und Kohlraben ziemlich: Flachs und Hanf sehr
viel. Heu und Oehmd trägt in guten Jahren ein guter Mor=
gen (deren aber wenige hier sind,) $2\frac{1}{2}$ Wannen, ein schlech=
ter $\frac{1}{2}$ Wanne: das Wiesenfeld möchte wohl im Böblinger=
Oberamt das schlechteste genannt werden, da es meistens in
den Thälern zwischen Waldung ligt, und bald dem Erfrieren
bald dem Ueberschwemmen, immer aber dem Wildpret ausge=
setzt ist. Obstbäume werden hier soviele, oder mehrere als in der
Nachbarschaft gepflanzt, an Aepfeln, Biren, Zwetschgen und Pflau=
men, und zwar sind von Biren die Knaus=Grun=Wasser=Rocken=
Biren und grosse Reichenäckernen: von Aepfeln aber die Flei=
ner, Constanzer, und Bachäpfel die häufigsten. Von Wein=
bergen ist jetzt noch ein kleines Hälbchen vorhanden: von theils
höherem theils niederem Feld, worinnen die Elben=Trauben=
stöcke am besten gedeyhen, und in guten Jahren auf den Mor=
gen 4 Eimer Wein geben, der als zweyjährig noch so ziemlich
trinkbar ist. Die Waldung (davon die Commun und Burger
13 bis 1500 Morgen, aber sehr übel zugerichtet, besitzen) ist
am stärksten mit Eichen, Glatt=und Rauhbuchen, auch Bir=
kenholz angeblühmt, andere Holzgattungen gibt es wenig, Na=
delholz aber gar nicht. Die Ausfuhr hiesiger Produkte bedeu=
tet gar nichts; etwas weniges geschiehet mit Holz, Flachs,
Hanf, Wollen, Garn=Schneller und Tuch. Zu Walden=
buch sind die Zelgen: α) Heilenbrunn, ligt Nord=und West=
wärts; fängt sich an dem alten Weg an, und gehet fort am
Eichhaldenthälein, Schüzenhäuserwald, bis an die Stei=
nen=

nenbrunner Markung. β) die Zelg Kalkofen ligt Nordostwärts, und stoßt an die Chaussee, an die Zelg Zeilenbrunn,
Kräuthauwald, Hasenhof, und Sulzrainwald. γ) die
Zelg Ziegelhütten ligt theils gegen Süden, theils gegen Südost
und stößt an den Glashütter Zehend, Bonholzwald, Rech-
tenmadenhau, Schönbuchwaldung und den Seitenbach.
Leztere beyde Zelgen sind die besten. Man baut hier Rocken,
Dinkel, Haber, Gersten, ziemlich Erbsen, Wicken, Klee; Grundbiren wenig. Ein guter Morgen Acker kann an Dinkel 6 bis
8 Schfl. ertragen: da hingegen ein Morgen auf den allernächst
gelegenen Fildern 12 bis 14 Schfl. ertragen kann; die Kultur ist wegen zähen leimichten Bodens schwehr, und es gibt
sehr wenige gute Felder. Das Verhältnis der Wiesen gegen
die Aecker schäzt man wie 5: 4. Im Thal hat es meistens
saures, an den Hügeln etwas besseres Futre: kaum kann man
die Wiesen vor dem Wildpret genug hüten. Von Obst gibt
es nur rauhe Gattungen, als Knausbirn ꝛc. Frühobst gar
nicht. Ausser den Communwäldern, welche besondere Namen
führen, ist alles, was Schönbuch heißt, Herrschaftliche Waldung: das Gehölz ist Eichen, Birken, Erlen; Buchenholz
aber schlägt vor. Weyl im Schönbuch bringt alle Arten
von Früchten hervor, die man sonsten im Lande zu pflanzen
gewohnt ist, und sie gerathen so ziemlich; man hält den hiesigen Boden für fruchtbarer und wärmer, als den westlichern
zu Altdorf und Holzgerlingen. Breitenstein (ein Filialort)
ist noch fruchtbarer; weil es etwas tiefe ligt, und vor den rauhen
Winden mehr Schuz hat. (Beyde andere Filialorte, Dettenhausen und Neuweiler kommen mit Weyl in Ansehung der
Fruchtbarkeit so ziemlich überein.) Ueberhaupt ist zu merken,

daß

daß hiesige Felder durchaus wohl bedungt und gepförcht werden müssen, wenn sie der Hofnung entsprechen sollen. So
bemerkt man auch bey dem nahe gelegenen Schaichhof, der
um vieles näsferen und kälteren Boden hat, in obigem Betracht die gute Bauart des Besizers, der Einsicht, Fleiß, Ver-
mögen und Gedult dazu hat. Die Zellgen von Weyl heissen:
1) Furth, westwärts von Weyl; Lau, nördlich: Hart,
östlich. Südlich ist ein Wiesenthal und der Schönbuch. Der
Unterschied der Zellgen ist nicht beträchtlich. Rocken, Dinkel,
weniges Einkorn, wird im Winterfeld gebaut; im Sommer-
feld Haber, Gersten, Erbis, Wicken, wenige Linsen und Al-
kerbohnen; in der Brache Flachs, Hanf, Kraut, Erdbiren: die
Früchten alle gerathen fast gleich gut; besonders fehlet es mit
den Winterfrüchten gar selten; auch die Gerste hauptsächlich
gerathet nach dem Unterschied der Jahrgänge so gut als ir-
gendwo. Zu Weyl sind 3 Weinhalden die Röthe, die Of-
terhalden und der Stollberg; lezterer liefert unter diesen
den besten Wein, jedoch ebenfals säuerlicht und leicht, und
nicht über 2 Jahre haltbar. Zu Dettenhausen und Neuweiler wächßt kein Wein. In den Thälern (denen freylich
der nöthige Dünger mangelt, der kaum für Ackerland zurei-
chet) gibt es noch ziemlich und gutes Gras; auf den Höhen
und an den Hügeln ist es mager und dünne. Obst, an Aepfeln, Biren, Zwetschgen ist in ziemlicher Menge vorhanden:
der Landmann siehet hauptsächlich auf Arten, welche zum Mo-
sten und Dörren taugen. Schade daß vor mehreren Jahren
manche Sorten geflissentlich in Abgang gebracht, abgeworfen,
und andere geimtet worden! nun sind Knausbiren die häufigsten, und nach den Langbiren die beliebtesten.

Das

Das Gehölze ist, wie es im Schönbuch zu seyn pfleget. Die Gegend von Nußberg und seinen oft angezeigten Filialien ist theils mehr theils weniger fruchtbar; an den Bergen steinicht und mager, auf der Ebene aber, besonders zu Leinfelden und Unteraichen zum Frucht-Hanf-Flachs-Klee- und Grundbirenbau meist gut. Insonderheit pflegen die Erdbiren hier, zu Oberaichen und besonders in Rohr, wegen dem vorhandenen Sandboden, wohl zu gerathen, wenn der Jahrgang nicht zu trocken ist. Uebrigens stehet Fruchtbarkeit und Cultur den benachbarten Filderorten nach. Die Obstcultur gehet auf gute Arten, und ist glüklich. Zu Steinenbrunn ist die Fruchtbarkeit wegen der hohen Lage, der rauhen Winde, und des schlechten Bodens geringer als in den benachbarten Orten. Von Bäumen werden nur die rauhen Obstgattungen gepflanzt. Die Wiesen tragen wenig aber gutes Futer. Das vorzüglichste Produkt hier ist Holz; alles übrige ist mittelmäßig oder schlecht.

2) Bey dem Gebiete der Schaich ist uns, da wir vom Schaichhof und von Dettenhausen schon oben geredet haben, nur noch Neuenhaus übrig. Die Zellgen heissen: 1 Maad, samt Schinder-Aeckern, zusammen im Meß 38 Morgen. 2) Uhlberg, samt Schaich-Aeckern, 56½ Morgen. 3) Hochsträß oder Gaißhalden, 50 Morgen. Das Maad ist die beste Zellg; doch sind die dazugehörige Schinder-Aecker ziemlich gering: Uhlberg und Hochsträß sind mittelmässig, und werden immer schlechter, iemehr sie sich in die Höhe ziehen. Das Maad hat feuchtsandichten, Uhlberg weißtrockenen, und Hochsträß rothsandichten Boden. Der Ertrag gegen die Nachbarschaft ist theils gleich, theils

Drittes Heft.　　J　　geringer,

geringer, weil wenig gedünget wird, und in einem trokenen
Jahrgang die Früchten auf den Bergangehenden, meist mit
Sandboden versehenen, Feldern (der von Wäldern herunter
immer mehr darauf geschwemmt wird,) leicht ausbrennen.
Man baut überhaupt Rocken, Dinkel, Einkorn, Waizen,
Gersten, Habern, Erbsen, Linsen, Wicken, Saubohnen, (Acker-
bohnen) Kochbohnen, Welschkorn, Kraut, Rüben, Kohlraben,
Erdbiren, Kürbis, Hanf, selten und wenig Flachs; am besten
geräth Hanf und Erdbiren: alles aber wird, um des kleinen
Feldes willen, und weil oft die beste Hofnung durch Wildscha-
den vereitelt wird, nur sparsam gebauet, ob es wohl der Beschaffenheit nach meistens gut würde. Die einige in hiesigen
Zehenden gehörige und nach Bonlanden steuerbare Weinbergs-
halde, Uhlbergshalde, die meistens Plattenhardter und Bonlander — und nur wenige hiesige Burger innehaben, die hoch
ligt, und selten vom Forst leidet, ist seit vielen Jahren sehr
im Abgang; es wird aber deren Verbesserung seit etlichen Jahren vom Herzoglichen Kirchenrath sehr betrieben. Der Wiesenbau wäre meistens gut, wenn das durch die überall offene
Waldungen einbrechende rothe Wildpret durch häufiges Abfre-
zen, und das schwarze durch Umwühlen nicht so vielen Schaden verursachte. Von den dem hiesigen Burger so nachtheiligen
und betrübten Ueberströhmungen des Aich- und Schaichflußes
ist schon oben geredet worden: wohlthätig sind sie, wenn sie
recht bald im Frühling sich ereignen, oder nachdem das Oehmd-
gras eingeheimst worden, indem der mitkommende Schleim
das unterlassene Düngen in etwas ersezt. Der Ort hat wenige
Obstbäume; der Zehend beträgt an Biren, Aepfeln und Zwetschgen in reichlichen Jahrgängen 60 — 80 Grl. Knaus- und
Grun-

Grunbiren schlagen vor, auch gerathen Wachs-und Schneiderbiren sehr wohl, so wie auch Bachäpfel-und Zwetschgen-
bäume. Die Waldung beginnt ziemlich helle zu werden; in
der Neuhäuserwand, die aber noch nicht bäuicht ist, steht sie
noch am dichtesten: die Commun hat gar keine eigene Waldung,
sondern alles gehöret der Herrschaft. Die ausgehende Gewerbs-
artickel sind Hafnergeschirr, auch Wachholder-Holz-Beer-Ge-
selz-Meel: die eingehende sind Brod, Meel und andere Eßwaren,
indem die wenigste Leute soviel von ihrem Feld ein heimsen, daß
sie das Jahr über zu essen hätten, ja bey manchen reichet es kaum
auf ¼ Jahr zu.

3) **Gebiet der Aych noch Aufnahm der Schaych.**
Zu Bonlanden sind die Zellgen Bihl, Rhein und Otten-
brunn, und unter ihnen ist geringer Unterschied. Vorzüglich
baut man Dinkel, Haber, Gersten, wenig Rocken, Wicken
und Erbsen; mehr aber Kraut, Rüben, Grundbiren, Flachs
und Hanf: der Erfolg ist gegen die Nachbarschaft etwas geringer. Weinberge sind auf der Markung keine: der Wiesenbau
nicht von den vortheilhaftesten: besser aber die Obstpflanzung nach
allen Gattungen. Das stärkste Verkehr geschiehet mit Dinkel,
Fachs und Kraut. Zu Plattenhart, Stuttgardter Oberamts
ist man in Ansehung der Fructbarkeit gegen die Nachbarschaft
in Echterdingen und Bernhausen um etwas zurücke, weil
die Felder hier grossentheils naß und kalt sind; doch wächßt hier
alles, was die benachbarte Orte hervorbringen: auch haben die
meisten Wiesen gutes Gras, mit vielem wilden Klee. Vorzüglich hat man hier vieles und gutes Obst, und Plattenhart
zeichnet sich durch die Menge der Obstbäume aus: Man
J 2
zählet

zählet über 130 Sorten von Aepfel und den Birenbäumen, deren daselbst gewöhnliche Namen ich hier beysezen will:

Biren.

Baihingsbiren.

Beckenbiren.

Bogenäckeren.

Bratbiren.

Brecherer.

Buckenbiren.

Christkindleinsbiren.

Citronenbiren.

Dreistenlebern.

Ebingersbiren.

Elsasserbiren.

Eyerbiren.

Fäßlensbiren.

Feigenbiren.

Frankfurterbiren.

Geißhirtlensbiren.

Grünhülsern.

Heinzenbiren.

Herrenbiren.

Hofbiren.

Hornbiren.

Hundsmäuler.

Jungfernbiren.

Käppelesbiren.

Kantenbiren.

Kerzenbiren.

Kluppertenbiren.

Knausbiren.

Königsbiren.

Kronenbiren.

Krautgärtnern.

Kugelensbiren.

Laitschbiren.

Langstihlbiren.

Lauffersbiren.

Mädlensbiren.

Martinsbiren.

Mehlbiren.

Mömpelgärternen.

Mönchbiren.

Mostbiren.

Muscatellerbiren.

Rohrnen ; frühe.

⸱ ⸱ ⸱ spätte.

Paradiesbiren.

Pergamentbiren; frühe.

⸱ ⸱ ⸱ ⸱ spätte.

Pfundbiren.

Plochinger Wasserbiren.

Rothebiren.

Rothlechtebiren.

Sau-

Saubiren; grosse.
. . . kleine.
Schneiderbiren.
Schultheissenbiren.
Seebiren.
Spatbiren.
Sperbiren.
Speidelbiren.
Spitzbiren.
Süsselensbiren.

Wachsbiren.
Wabelbiren.
Wasserbiren.
Weglesbiren.
Weinbiren.
Welschreicheneckeraz grosse.
. . . . kleine.
Ziegelbiren.
Zuckerbiren.
Zwepbuzerbiren.

Summe — : · 71 Gattungen.

Aepfel.

Adamsäpfel.
Bachäpfel; weisse.
. . . rothe.
. . . wässerichte.
Borsdörfer; gewöhnliche
. . . besondere weisse.
Breite Reutlinger.
Brunnenäpfel.
Carpanter.
Carniser.
Calvillerouge.
Dauricher.
Eckäpfel.
Erndäpfel.
Feienbeckendäpfel.
Fleiner; grosse rothe.
. . . kleinere weißlichte.

Glüsling.
Grosse Hofäpfel.
Grosse Saueräpfel.
Grosse Ulmeräpfel.
Grüne Weißling.
Härtling.
Herrendäpfel.
Hiller - Süßling.
Holzäpfel.
Hurtäpfel.
Kernäpfel.
Kluppertendäpfel.
Knalläpfel.
Leder - Süßling.
Lederäpfel; saure.
Lucken.
Menzenhälsling.

Mi-

Michelsäpfel.

Mußäpfel.

Muscatelleräpfel.

Neu Reutlingeräpfel.

Pfaffen = Süßling.

Quittenäpfel.

Rotheäpfel.

Rolläpfel.

Roßkopfäpfel.

Saueräpfel.

Schaafnasen.

Schnabelsäpfel.

Ströhmling.

Süßling; lange.

Tuchbleicher.

Weinäpfel; grosse.

・ ・ ・ länglichte.

・ ・ ・ weisse.

Weißling; zwey Arten.   a.

b.

Winterbachäpfel.

Winterling.

Zürchling; zwey Arten.   a.

b.

Zweyjährling.

Summe — : ・ 60 Aepfelgattungen.

Sonst gibt es zu Plattenhard noch mehrere Biren = und Aepfelgattungen, die keine bestimmte Namen haben. Von obigen werden am meisten gepflanzt: Knaus = Feigen = Wadel = und Bratbiren; und von Aepfeln: Quicken = Fleiner = Schnabels und Weinäpfel. Besonders merkwürdig sind die Bratbiren, die weder frisch noch gedörrt gut zu essen, auch zum Brennen untauglich sind; hingegen einen ausserordentlich angenehmen süssen Most geben, der von der Trotte sogleich ganz still herunterlauft, zuweilen, wenn man die Biren zeitig genug werden läßt, gegen 1 Jahr süß bleibt, auch mussret, wie Champagnerwein. 1 Srj. Biren ist in Plattenhard schon um 1 fl. verkauft worden, und der Aymer Most um 50 bis 60 fl. aber freylich nur bey einigen seltenen Gelegenheiten. Die Art, diesen Bratbirenmost zu machen, bestehet darinnen, daß die Birn auf der Bühne, oder sonst in einem lüftigen Ort aufgeschüttet, so lange, bis sie halb=

ver=

verfault find, aufbewahret, und sodann erst gemostet werden.
Manche haben ihn schon für Champagnerwein getrunken. Zu Aych
sind die Zellgen: 1) Zellg jennet (jenseits) der Oeha (Aych)
2) Zellg Röchin und 3) Zellg Zeilfeld. Zur Aussaat erfordert 1 Morgen Acker: Dinkel 1 Schfl. Haber 4 Sri. Gersten
3½ Sri. und gibt bey einem glücklichen Ertrag: Dinkel 8 bis 9
Schfl. Haber 4 bis 5 Schfl. Gersten 4 Schfl. Dinkel, Haber und
Gersten, nebst Einkorn gerathen wohl; da hingegen Erbsen,
Linsen, Wicken selten gerathen und darum wenig gebaut werden.
Flachs und Hanf wird kaum zur eigenen Nothdurst gebauet,
und die dazu bestimmten Länder öfters bey harten Zeiten, auch
bey der anwachsenden Menge der Leute mit Früchten angebauet.
Rüben, die eben nicht alle Jahre gerathen, pflanzt man sehr
wenig; Kraut, soviel die Haushaltung erfordert, aber nichts zum
Verkauf, wie auf den Fildern, an welche doch die Markung
angränzet; weil es der Boden nicht gibt, oder weil der Fleiß
oder die Besserung abgeht, oder weil durch die Wildfuhr, darinnen die Feldung meistens ligt, der Anbau erschwehrt wird.
Erdbiren gerathen wohl, werden aber von wilden Schweinen
hart mitgenommen; so wie auch das Welschkorn. Auf 1 Morgen gute Grundwiesen, die aber nicht können gewässert werden,
rechnet man 1 Wanne Heu und halb soviel Oehmd; wenn es aber
einen heissen Sommer von wenigem Regen gibt, kaum die Helfte:
Bergwiesen brennen ohnehin gerne aus. Es ist hier an Wiesen
sogar kein Mangel, daß viele Morgen an ausgesessene verkauft
find, nemlich nach Neuenhaus, Harthausen, Ober- und
Unter-Sielmingen, wo sie wenigen Wiesenbau haben. Die
Wiesen tragen Klee-und anderes gutes Gras, und es würde
das beste Futer im Aychthal wachsen, wenn man wegen vielfäl-

tiger

tiger Ueberschwemmung mit der Bedüngung trauen dürfte.
Daher sieht man oft auf den besten Wiesen unnütze Küheiter
wachsen, die kein Vieh frißt, und besonders an Gräben, oder
wo das Wasser lange stehen bleibt, auch sauer Futter; an einigen Orten auch der schädliche Kazenwedel (Equisetum). Doch
wächßt immer mehr gutes als schlechtes Futer, daher es auch zum
Kauf mehr als anderswo gesucht wird, und vieles auf die Filder
und nach Suttgardt kommt. Alle Arten von Aepfeln, Biren,
insonderheit Zvetschgenbäume gerathen wohl: Nußbäume gar
nicht. Birenbäume dauren aber länger, und werden älter als
Aepfelbäume; da hingegen diese bälder tragbar werden, und
zum Nuzen kommen: doch behält der gebaute Boden den Vorzug vor den Wiesen und Gärten bey den Bäumen, sowohl in Ansehung des Ertrags an Obst, als der Dauer der Bäume. Wie
man denn siehet, daß insonderheit die Aepfelbäume im Grasbo-
den gerne übersäftig und brandicht werden, wovon sie bey Zeiten umstehen. Doch wissen die hiesigen fleißigen Baumpflanzer
die Kunst, dem Brand vorzukommen, wenn die jungen Bäume
im 3ten oder 4ten Jahre nach dem Versezen an dem Stamm
von oben bis unten entweder gerizt, oder hin und wieder von der
obereren Haut Blatten weggeschnitten werden, welches aber
zur Frühlingszeit im Merzen geschehen soll, ehe der Saft gänzlich
einschießt. Lezere Probe schlägt indessen besser an, als die erstere, weil bey dieser, wenn der Riz etwa zu tief gerissen wird
die Rinde des Baums von einander klaffet, und die Sonne durch-
dringt. Uebrigens sind doch der Baumgüter wenige, und der
Ertrag von Obst geringe und kaum zu eigener Nothdurft, gegen die angränzende Orte Bonlanden, Plattenhart, Schlaitdorf, Altenrieth, Häslach und Waldborf, da sie es zu tauschen-
den

den bekommen, bis die hiesigen Einwohner es kaum zu hundertten haben; ausgenommen die Zwetschgen in guten Jahren, da Aych in Steinobst vor der Nachbarschaft immer den Vorzug behält. Sehr gerecht ist die scharfe Aufsicht, welche zum Besten des herrschaftlichen Interesse den Anbau der Obstbäume auf Ackerfelder überhaupt verbietet; gleichwohl walten hier besondere Umstände vor: hier haben nemlich viele Morgen steinichten Grund, und geben wenige oder gar keine Frucht; grossen Nutzen hingegen würden sie für die Inhaber geben, wenn sie mäßig mit Obstbäumen bepflanzt wären; und da die schlechtesten Güter oft schwehr in der Gült liegen, solche die manchmal kaum die Saatfrucht wieder geben, so werden die Besitzer solcher Güter überdrüßig, daß sie schlecht gebaut werden; da hingegen ein erlaubter Anbau von Bäumen sie zum Fleiß und Besserung des Landes bewegen würde, wodurch mehr Frucht und Obst zugleich erwachsen würde. Mancher Acker möchte hier gegenwärtig geschenkt zu erhalten seyn, den ein armer Inhaber nach Abtragung der Gülten, Steuren ꝛc., gar nicht benutzen kann und der ihm iezt vielmehr zur Last ist, der aber nach 10 — 20 Jahren gerne auf seine 80 — 100 fl. im Werth steigen würde, und sich zugleich zu einem ergiebigen herrschaftlichen Fruchtzehenden inzwischen verbessert hätte. Die hiesigen Weinberge sind vor mehr als 50 Jahren mit herrschaftlicher Erlaubnis gegen einen bestimmten Canon in Abgang gekommen, und die wenigen Morgen sind mit Frucht und Obstbäumen angepflanzt. Durchaus ist das Gehölz der Waldung mehr Eichbäume, wenige Buchen (außer abgestümmelte Hagenbüchlein) und noch weniger Birken, Linden, oder auch wilde Obstbäume. Grözingen hat zum Umkreis seines ganzen Markungsbezirks

J 5   2680 Ru.

2680 Ruthen 12 Fuß. Was nicht im Thal ligt, hat mehrentheils leimichten und blauen Lettenboden, auch theils röthlichten, so daß das Erdreich kaum 3. 4 höchstens bis 6 Zolle
tief, sehr wenig auf 1 Schuh urbar ist, kaum soweit, als
die Pflugschaar lauft und jährlich gebessert wird; die Ursache
ligt in dem jährlichen Abspühlen des guten Baues durch Re-
gengüße von den abhängigen Feldern, welche dadurch grossen
Schaden leiden. Die 3 Ackerzelgen heissen 1) der Benzberg,
die gröste und beste. 2) Zelg Oberbürkach samt der Frosch-
Egert. 3) Zelg Unterbürkach: die 3 Zelgen, wovon beyde
leztere einander an Grösse und Güte gleichkommen mögen, alle
aber zusammen über 1100 Morgen halten, sind mehrentheils
untereinander auf der Markung herumliegend vermischt. Auf
ihnen werden alle Früchtensorten des Landes gebauet; besonders
aber Dinkel, Haber und Gersten; sodann auch Rocken, Einkorn, Wicken, Erbsen und Linsen, endlich auch Kraut, Rüben, Bohnen, Hanf und Flachs, und zwar werden leztere
seit etlichen Jahren häufiger zu bauen angefangen. Wiesen
hat die Stadt Grözingen über 600 Morgen in der ganzen
Markung, welche theils in den Thälern, theils auch ziemlich
an den Bergen herum zerstreut liegen; doch alle gutes und
dauerhaftes auch in geschlachten Jahrgängen vieles Futter geben. (Von diesen Wiesen möchten jedoch auch etwa $\frac{1}{10}$ oder
$\frac{1}{11}$ an auswärtige Orte, als Wolfsschlugen, und auf die
Filder gehören; sie werden aber nach und nach stark wieder
eingelöst.) An Viehwaiden und Egerten ist grosser Mangel:
es ist nichts als der Ehlspachwasen vorhanden, so dem Zugvieh von alten Zeiten her gewidmet ist, und die Egerten
machen zusammen kaum 40 Morgen aus. Weinberge waren

in

in alten Zeiten an dem Hohenrain und im Herrenberg, sind
aber wahrscheinlich wegen des kalten Thales und öfteren Er-
frierens in Abgang gekommen, und werden nun mit Früchten
angebaut. Zwar ist der schöne Herrenberg erst seit etwa
40 Jahren liegen geblieben und nun mit Obstbäumen als ein
junger Wald angepflanzt: hat jedoch vor diesem bey seinem
rothen starken Boden einen ziemlich guten Wein gegeben, der
jenen in der Thailfinger Neckarhalden noch übertroffen hat.
Von den ältesten Zeiten her haben übrigens die Bürger von
Grözingen eine über 40 Morgen grosse sehr schöne Weinberg-
halde im Neckarthal auf Thailfinger Markung, von deren
in guten Jahren reichlichen Ertrag sie sich schon öfters gut erho-
len konnten. Das Baum- und Obstwerk ist gegen anderen
Orten, den Fildern, Schlaitdorf und dem Neckarthal kaum
mittelmäßig, weil das Aychthal immer um ein merkliches
kälter ist, und mehrere Nebel hat, als das Neckarthal und
die übrige höher gelegene Orte: daher hat das Baumwerk keinen rechten Fortgang oder lange Dauer, und die Jahrgänge
sind selten, wo das Obst wohl geräth. Sehr übel ist Grözingen mit der Beholzung berathen, eine Last darunter der Unbe-
güterte hier fast erliegen muß: nichts als etliche Morgen im
Aichhäldle am Neckarhäuserwald, und etwas weniges im
Klingenbach auf dasiger Lützelegart, in allem kaum gegen
20 Morgen, sind vorhanden: zwar hat die Stadt Holz- und
Waidgerechtigkeit in dem Schönbuchwald; allein diese ist
sehr beschränkt, und gereichet bey nahe zu keiner Erleichterung.
Ein bedauerlicher Mangel für hiesiges Städtlein. Wolfschlugen hat, wie meistens üblich, seine Zelgen ebenfalls in zerschiedenen Gegenden theilweise zerstreut, um bey strichweise

fallen-

fallendem Hagel doch noch für einige Stücke der angeblümten
Zelg Hofnung zu behalten. Vor andern thun sich auf hiesiger
Markung an ergiebigem Ertrag aller Produkte hervor: die
Klingenäcker, Hartwiesenländer, und Madenäcker. Hier
muß um des lettichten Bodens willen nicht nur alle Jahre,
sondern jedesmals reichlich gedünget werden. 1 Morgen Acker
erfordert Aussaat: Dinkel 1 Schfl., von übriger blosser Frucht,
als Haber, Gersten, Wicken, Erbsen ꝛc. die Helfte; und erträgt in guten Jahren, Dinkel 10 Schfl. Haber 5. Erbsen 3.
Gersten 3. Wicken 4 Schfl. Flachs und Hanf kann der Morgen
ertragen 1 — 1½ Centner; wenn es aber schlecht ausgibt, so
kann man sich von allem kaum $\frac{1}{3}$ versprechen. Ausser den
Linsen wird alles sonst gewöhnliche gebaut. Hanf und Flachs
am meisten. Bey guten Jahren kann von dem Morgen Wiesen höchstens 1½ Wanne Heu und ¾ Oehmd eingeheimst werden; bey schlechten aber, Heu höchstens ½ Wanne und Oehmd
$\frac{1}{4}$. Gröstentheils aber ist es Spitzgras und saures Futter. Weinberge sind keine vorhanden. Mehr Apfel- und Birenbäume.
Das Waldholz bestehet aus Eichen, Birken, Aspen, Erlen
und Haselstauden. Gegen die benachbarte Ortschaften ist der
Ertrag der Felder immer geringer: nur alsdenn hat der hiesige
Ort etwa eine Gleichheit mit denselben, wenn die Witterung
trocken ist. Oberensingen, Nürtinger Oberamts. Die
natürliche Beschaffenheit des Terrains schikt sich gleich gut zum
Acker- Wein- und Obstbau. Aecker und Wiesen sind für die
Inwohnerschaft hinlänglich und ungefehr in gleichem Verhält-
niß: auch Welschkorn geräth gut; wie auch Hanf; nicht so
sehr der Flachs: Erdbiren werden viele gepflanzt und gerathen
wohl. Die Fruchtbarkeit im Ganzen ist mit jener in den be-
nach-

nachbarten Orten, besonders in Nürtingen meist gleich gut, ausser daß der Weinwachs hier einen Vorzug hat. Erst in der Mitte des gegenwärtigen Jahrhunderts sind Weinberge auf Steinhügeln mit gutem Erfolge angelegt worden. Im Impfen bey den Biren legt man sich meist auf Knausbiren, Bayer-biren, Grunbiren (oder Feigenbiren); bey den Aepfeln auf Braitling, Fleiner, Dreyjährling, Luicken, Borstorfer, Back-äpfel ꝛc. Kirschen, Nüsse, hat es nicht viele. Hiesige Wiesen tragen sehr gutes Futter, weil sie trocken sind. Die Grasarten bestehen aus gelb- und rothem Klee, Esper, Trommelgras, Saamengras, Brenkeln ꝛc. Zu Zizishausen ist die Bauart und Fruchtbarkeit ganz jener zu Enfingen ähnlich; der Wein aber ist besser, (wiewohl er nicht so haltbar seyn soll) und die Weinberge sind in Zizishausen auch besser gegen die Mittags-sonne gelegen, so daß ihr Gewächs überhaupt dem besten in der hiesigen Gegend z. B. dem Frickenhäuser gleich geschäzt wird. Hardt hat keine Weinberge, ist aber besonders wegen des guten und häufigen Obsts bekannt.

V. Die Bevölkerung

dieser Landesstrecke ist durchaus stark, im Zunehmen, und ge-niesset vor manchen andern Gegenden das vorzügliche Glük eines häufigen hohen Alters.

1.) Bey der Gegend der Aych vor dem Einfluß der Schaich

hat Holzgerlingen, ein beträchtlicher Flecken, dessen Seelen-anzahl 1000 übersteiget, viele Alte beyderley Geschlechts, die in 70 und 80 Jahren stehen, und schreibet es der, bey der hohen und freyen Lage des Orts, gesunden Luft zu. Man will

dem

dem hiesigen schlechten Wein, als dessen Ertrag bey ehmaligen
besseren Weinjahren ergiebiger war, ganz merklichen schädlichen
Einfluß auf die Gesundheit der Einwohner zuschreiben, und die
leztere Mißjahre in diesem Betracht für weit günstiger halten.
Eben so hat Schönaych viele Alte, und würde deren wahrscheinlich noch mehrere haben, wenn nicht harte Arbeit, schlechte
Lebensart, und doch dabey, wo es die Gelegenheit erlaubt,
hinzukommende Unmäßigkeit Schranken setzte: hier sind überhaupt sehr wenige vermögliche Bürger.   Nicht ganz so glücklich
als obige beyde Orte scheint Waldenbuch im hohen Alter zu
seyn, doch bleibt es mit seinen Siebenzigern auch nicht völlig
zurücke, und vermehret sich ziemlich stark: die Mittelzahl der
Gebohrnen in den Jahrgängen 1784 — 1787. war 46, der
Verstorbenen 34.   Zu Weyl im Schönbuch sterben die meisten an Entkräftung von Alter, wenige an Schwindsucht, und
selten finden sich epidemische hitzige Krankheiten, oder auch
nur kalte Fieber.   Die Bevölkerung ist seit mehreren Jahren
im Zunehmen; und ein gleiches muß auch von Mußberg gesagt werden, wo zugleich ein Alter das über 80. 90. reicht,
nicht gar selten ist.   Endlich hat auch Steinenbrunn bey
seiner vorzüglich guten Luft und gesundem Wasser manche Alte;
epidemische Krankheiten sind äusserst selten, und in 9 Jahren
sind nur 4 Kinder von den Blattern hingerafft worden.

   2.) Bey dem Gebiete der Schaich
ist der auffallende Unterschied zuerst zu bemerken, den das im
Teuch unter feuchter, neblichter und nicht sehr gesunder Luft
liegende Dettenhausen gegen das viel höher gelegene Weyl
zeiget, so frische und gesunde, doch etwas troknende Luft ge-
niesset.   Die Bevölkerung ist hier merklich stark, und der

                                                      Ort

Ort hat sich in 100 Jahren um $\frac{2}{3}$ vermehrt. Daselbst brachte vor etlich und 20 Jahren ein vor kurzem noch le-bendes Weib zusammengewachsene Zwillinge und ihre Toch-ter vor etlichen Jahren Drillinge zur Welt. Zu Neuen-haus waren im Jahr 1788. vorhanden 343. und in den letzteren 12 Jahren wurden gebohren 217, also jährlich 18; hingegen starben 171, also jährlich 14 bis 15. In vorigen Jahren erreichten wohl mehrere 80, 90 Jahre, gegenwärtig aber ist niemand hier, der 80 Jahre hätte, und das hohe Alter scheinet etwas in Abnahme zu kommen: hitzige Krank-heiten sind hier die gewöhnlichsten; doch ist selten eine Krank-heit hier allzusehr einreissend. Bonlanden nimmt ebenfalls an der Bevölkerung zu, so wie auch Plattenhardt, wo sie sich seit 25 Jahren beyläufig um 200 Seelen vermehrt hat: in beyden Orten aber ist ein Alter von 80 Jahren selten. Man siehet, wie sich diese niedrigere Orte gegen den höhe-ren Waldorten so merklich unterscheiden. Zu Aych das bey seiner Lage im Thal doch sehr gesunde Luft hat, steiget das Alter wieder häufig auf 70 und 80, besonders auch zu Grözingen, wie auch zu dem von Nebeln so ziemlich freyen Wolfschlugen. Von Oberensingen und dessen ein-gepfarrten Filialen Zizishausen und Hardt sind mir folgende Tabellen mitgetheilt worden, welche den 10jährigen Zeitraum von 1778 bis 1787 begreiffen.

I. Geburs-

I) Geburtsliste.

	Ober=Ensingen.		Zizishausen.		Hardt.	
1778	Männl. 6	Weibl. 10	M. 3	W. 5	M. 2	W. 1
1779	— 10	— 10	— 2	— 5	— 1	— 4
1780	— 9	— 5	— 3	— 5	— 3	— 4
1781	— 15	— 8	— 2	— 2	— 6	— 2
1782	— 9	— 10	— 6	— 3	— 4	— 5
1783	— 6	— 5	— 5	— 4	— 5	— 3
1784	— 11	— 8	— 6	— 5	— 3	— 4
1785	— 6	— 10	— 5	— 4	— 4	— 3
1786	— 12	— 4	— 2	— 6	— 1	— 6
1787	— 3	— 8	— 2	— 4	— 3	— 2
Summe	— 87	— 78	— 36	— 43	— 32	— 34
Kinder	165		79		66	

In den 10 den Jahren 1778 — 1787 find demnach in allen Ortschaften gebohren worden 155 Männlichen und 155 Weiblichen Geschlecht, also 310 Kinder: und darunter waren 9 Todgebohrne, 3 paar Zwillinge, und 2 Unehliche.

II) Sterb.

II) Sterblichkeitsliste.

	Ober-Rußingen.			Zißhausen.				Hardt.			
	Ueber 14 Jahr		Unter 14 J.	Ueber 14 J.		Unter 14 J.		Ueber 14 J.			Unter 14 J.
	Männl. Geschl.	W. G.	Kinder	M. G.	W. G.	M. G.	W. G.	M. G.	W. G.	K.	
1778	—	2	8	—	—	—	1	—	1	—	5
1779	—	1	6	—	1	—	1	—	2	—	5
1780	—	3	6	—	3	—	1	—	1	—	3
1781	1	3	13	—	3	2	4	1	4	—	3
1782	3	4	9	—	2	—	2	2	5	—	5
1783	3	7	6	3	4	2	4	2	4	—	13
1784	2	2	21	—	1	1	7	1	—	—	3
1785	2	4	11	—	1	1	1	1	3	—	1
1786	2	2	5	—	1	4	—	1	1	—	3
1787	2	1	8	—	—	1	1	—	1	—	1
Summe	24	29	90		9	12	26		6	10	31

Die Totalsumme aller in den 3 Ortschaften Gestorbenen, ist demnach in 10 Jahren - 239

worunter: Personen über 14 Jahre - 90

Kinder unter 14 Jahren - 149

Summe 239

1) Krankheiten der 90 Verstorbenen über 14 Jahre

Es starben an

Nachlaß der Natur. - -	10	Wassersucht. - -	5
Hit. Krankh. und Brand. -	26	Ruhr. - - -	9
Schwinds. und Auszehr. -	18	Andere Krankh. -	7
Stel. oder Schlagfluß - -	15	Wöchnerin. - -	1
		Selbstmörder - -	1

Summe 90.

2) Krankheiten der 149 vorstorbenen Kinder unter 14 Jahren:

Gichter. - -	38
Ruhr - -	21
Blattern - -	18
Stelfluß. - -	16
Schwindsucht. -	16
Hit. Krankheit. -	5
rothe Flecken. -	4
Husten. - -	3
Andere Krankh. -	19
Todgeboren - -	9

Summe 149

Von den 18 Kindern, die an den Blattern starben, waren zwischen,

0 — 1	Jahr	7	Kinder
1 — 2	-	4	—
1 — 3	-	2	—
3 — 4	-	3	—
4 — 5	-	1	—
5 — 6	-	1	—

Summe 18

In 10 Jahren kamen die Blattern zmal, nemlich 1779 und 1784. 1784 war auch die Ruhr epidemisch.

3) Eintheilung der 239 verstorbenen nach dem Alter.

Es starben zwischen

0 — 10 Jahren	147	50 — 60 - -	9
10 — 20 - -	12	60 — 70 - -	20
20 — 30 - -	8	70 — 80 - -	21
30 — 40 - -	7	80 — 90 - -	4
40 — 60 - -	10	90 — 100 - -	1

Summe 239.

4) Ver-

4) Verhältnis der Gestorbenen zu den Gebohrnen.

In den 10 Jahren von 1778 — 1787 sind gebohren 310 und gestorben 239. Also in 10 Jahren mehr gebohren als gestorben —: · 71.

III) Copulirt wurden in Ober = Ensingen 47 Paare innerhalb der 10 gedachten Jahre. (Die blos proklamirten sind hierunter nicht begriffen.)

IV) Seelen = Tabellen, für den Termin Georgii, auf die letzten 5 Jahre (aus den Pastoral Relationen ausgezogen.)

	Ober=Ensingen.	Zizishausen.	Hardt.	Summe.
1784 —	375 —	210 —	110 —	695
1785 —	375 —	221 —	99 —	695
1786 —	374 —	211 —	102 —	687
1787 —	389 —	212 —	107 —	708
1788 —	499 —	214 —	109 —	722

(hier sind blos die jedesmal im Ort anwesende, nicht die davon gebürtige gezählt.)

Es ist von selbst klar, warum das Resultat der Tabellen nicht überall mit anderen ähnlichen Wahrnehmungen und Regeln der politischen Rechenkunst übereinstimmen kann, da offenbar der hiesige Ort samt den Filialien zu unbeträchtlich und daher auch ein Zeitraum von 10 Jahren viel zu kurz ist, als daß sich innerhalb desselben alle kleinere Anomalien genugsam aufheben könnten. Inzwischen ist es doch für manchen angenehm, auf solche einzelne Berechnungen vor sich haben. Hier lassen sich noch folgende Bemerkungen machen: 1) daß die Bevölkerung von Hardt in Vergleichung mit der Bevölkerung in den übrigen Ortschaften weit die stärkste ist; wie sich aus Taf. I. und IV. ergibt. 2) da nach Lamberts

K 2 · Wahr-

Wahrnehmungen die gröste Tödtlichkeit der Blattern erst mit dem 4ten Jahre der Kinder, die damit befallen werden, anfängt, und in früheren Jahren weit geringer ist; so scheinen die hiessigen Beobachtungen (vergl. die Tafeln) gerade das Gegentheil anzuzeigen. Doch dieser Unterschied könnte auch von zufälligen Ursachen, oder von der allzugeringen Anzahl der hiesigen in Betracht kommenden Kinder herrühren.

VI. Viehzucht.

Zu Holzgerlingen und Schönaich sind magere Waiden und entfernter Viehtrieb der Viehzucht sehr ungünstig, so wie die rauhen Winde des Klima den Fortgang der Bienenzucht hindern. Beydes verhält sich besser zu Waldenbuch, das schon einigen Handel mit Rindvieh hat, und noch über dieses von der durchziehenden Chaussee nicht unbeträchtliche Vortheile und gutes Gewerbe und Nahrung ziehet: hat auch, sammt Schönaich einigen Absatz von Schafen. Weyl im Schönbuch hat mittelmässiges Rindvieh, und eben solche Schafzucht, auch zu Neuenhaus könnte dieser Nahrungszweig besser seyn, und mehr Vieh gehalten werden, da ziemlich Wieswachs vorhanden ist. Eben so hat Mußberg, Bonlanden und Plattenhart nichts vorzügliches; doch ist die Bienenzucht besser. Gleiches gilt auch von Ober-Ensingen und Aich. Grözingen ist besser, sowohl nach der Rindvieh- als vornehmlich nach der Schafzucht: die hiesige gute Waide wird mit 500 Stück von den Bürgern selbst beschlagen, noch ziemlich verlauft, und auch noch auf andere auswärtige Waiden gethan. Der Stammen der Schafe ist gegen dem Unterland und der Alp gerade das Mittlere, und so auch die Wolle.

Bey Ober-Ensingen mag der Seidenbau daselbst einige

Anzeige verdienen. Von diesem Orte aus hat sich eigentlich und
ursprünglich, wie es scheint, die Seidenzucht in Wirtemberg
mehr im Grossen ausgebreitet: aus der Veranlassung, da der
ehemalige Pfarrer von hier, M. Duttenhofer, etwa ums
Jahr 1758. in Gesellschaft des Herzogs nach Italien zu reisen
den Befehl erhielt, und von da Seidenwürmer, nebst praktischer
Anweisung, sie zu behandlen, zurückbrachte; auch um das an-
gezeigte Jahr wirklich die erste beträchtliche Seidenmanufaktur
hier errichtete. Es wurden nemlich damals theils an der Aych
und in der Nürtinger-Strasse, die hieher führt, Maulbeer-
bäume Alleenweis gepflanzt; auch in der Nähe des Dorfs
einige Morgen Felds ausdrücklich zu einer Maulbeerbaum-Plan-
tage angewandt. Seitdeme ist in grösserer oder geringerer Quan-
tität Seide hier gezogen und gehaspelt worden; wie noch jährlich geschiehet; so daß der Ertrag in den besseren Jahrgängen
(denn sehr vieles hängt von der Witterung ab) gegen 30 Pfund,
in den mittleren bey 20 Pfund, in den geringeren auch nur bey
15 Pfund Seide zu seyn pflegten. Die jetzigen Beständer (welches nun nach Duttenhofers Tode meistens Bauren von hier,
auch Bürger von Nürtingen sind) haben auch schon einigemale den
jährlich ausgesetzten Preis für die beste Seidenbearbeitung erhalten.

Bey der Pferdzucht kommt allein Wolfschlugen in Betrachtung: man hält hier viele Pferde, um Füllen nachzuziehen.
Melk- und Rindvieh aber nur zum nöthigen Gebrauch, weil dieses keine Waide hat, welches bey dem Zugvieh blos die Waldung ist.

VII. Klima.

Das Klima dieses Erdstriches ist nach Lage und Temperatur
ziemlich verschieden, und daher eben so auch die Zeit des Schnee-

Abgangs und der Erndte: auch der Schönbuchwald, der zugleich eine ungeheure Menge Nebel und Dünste liefert, gibt Wolken und Ungewitter ihre örtliche Richtung.

Das hoch und flach liegende Holzgerlingen leidet manche schwere mit Hagel verbundene Gewitter, hat jedesmal tieferen und oft 10 bis 12 Tage länger daurenden Schnee: als seine Nachbarn, und um 8 Tage späther Erndte. Tiefer und weit gemäßigter ligt Schönaich, aber den Ungewittern ebenfalls viel unterworfen, die es seiner Lage nach gerne aufnimmt. An denen im Wald Häselhau, wo solcher mit der hintersten Ecke an den Böblinger und Holzgerlinger Wald anstößt, Morgens und Abends aufsteigenden oft starken und sehr dichten Nebeln nimmt es die Anzeige einer bevorstehenden Wetterveränderung.

Weyl im Schönbuch darf zwar um seiner Höhe willen die Gewitter gemeiniglich vorbey ziehen sehen, muß aber auch den oft so erwünschten Regen dabey entbehren und zwar deswegen: es öfnen sich gegen Westen, bey Herrenberg 2 Thäler: das Neckarthal, Tübingen zu, und das andere gegen Böblingen: streicht nun eine Gewitterwolke mit sanftem Winde von Westen oder Südwesten Herrenberg zu, so sinkt sie nach ihrer Schwere theils ins Neckarthal, theils in die Böblinger Gegend, die aber mehr Ebene oder Fläche, als Thal ist, und immerhin ligt Weyl höher; und so zertheilt sich manche Gewitterwolke in West und Südwest. Wird sie aber von einem Sturm getrieben, so geht es gerade über Weyl her; dreht sich der Wind und kommt aus Nordwesten, so haben sie Hagel (kommt zuweilen ein Hagel aus Südwesten, welches auch durch einen Sturm geschehen kann, so ist er insgemein klein und ohne grossen Schaden.) Eines der ältesten vorhandenen Kirchenbücher meldet vom Jahr 1689, „daß

„das

„damals, den lezten Brachmonat, am Sonntag, das Hagelwet-
„ter alles im Feld erschlagen, daß nicht soviel Speis und Nah-
„rung übrig bleiben, daß ein Mensch davon möge satt werden“:
seit der Zeit aber haben sich keine dergleichen Verheerungen mehr
ereignet. Das Klima ist das mittlere von Wirtemberg. Der
Schnee hält etwas länger als im Thal; Kälter ist es jedoch zu
Dettenhausen, das viele Nebel hat.*)

Waldenbuch hat ein rauhes Klima, und entlässet seinen
Schnee meistens erst gegen Mitte des März; gegen Weyl ligt
ihm der sogenannte Stallberg und angränzende Starenbuckel
westwärts, welche gemeiniglich die Gewitterwolken so zertheilen,
daß Waldenbuch wenig Regen bekommt, und die Felder bey
dürren Jahrgängen oft ausbrennen.

Für Neuenhaus brechen sich die Ungewitter meistens am
Darbühl, und ziehen entweder schnell übers Ort, Mitternacht
zu, oder zwischen Abend und Mitternacht Mußberg zu, und
laufen dann oft über den Uhlberg gegen Morgen. Der Schnee
geht gewöhnlich gegen Ende des Februars, am frühesten auf dem
Uhlberg: wenn er tief liegt, und durch gelindes Thauwetter
schmilzt, kann 8 Tage lang alle Tage von Mittags 1 Uhr bis
Nachts 7 Uhr Ueberschwemmung im hiesigen Orte seyn. Die
Zeit der Erndte ist gegen der Nürtinger Gegend um 5 — bis
Tage später; gegen den Fildern zu aber ziemlich zu gleicher Zeit.

Auch geniesset ein besonders gemässigtes Klima, und könnte
K 4 sehr

*) Billig verdient hier die Bemerkung eine Anzeige, welche der ehe-
malige Pfarrer zu Weyl im Schönbuch, Herr M. Zenneck, mit
vieler Sorgfalt an der Magnetnadel und ihrer Abweichung gemacht
hat: er fand dieser zuerst 16°30' gegen Abend, sodann im Frühjahr
1772. 17°10' im Frühjahr 1774. 18°15' und endlich im October
1772. 18°21'.

sehr frühzeitig ins Feld fahren, wenn es die Fürsichtigkeit erlaub=
te; denn es verlieret seinen Schnee, wenn oft noch etliche Wo=
chen, wie man hier zu reden pflegt, die weissen Schaafhunde
von den Bergen (4 bis 6 bis 8 Stunden weit) gegen Aich
herunterschauen; aber auch noch so lange werden rauhe Winde
verursacht.   Auch für Aich ist der obengenannte Darbühl, 1
Stunde davon im Schönbuch, eine Scheidung, daß zur Som=
merszeit die Regen öfters vorbeygehen, so sehr man sie auch
wünschte, besonders zum Flachs, dem die Erdflöhe zusetzen,
welche durch Regen vertrieben würden, so wie auch die Gewächse
bälder erstarkten.   Hingegen die Regen und Donnerwetter, wel=
che mehr hinterwärts fallen, und von den Wäldern und Bergen
im Thal sich sammlen, verursachen vielfältige Ueberschwemmung,
wodurch das Gras verschleimt, das dürre Futer aber in der
Heuerndte zu gröstem Schaden oft weggespühlt wird.

Grözingen.   Man bemerkt überhaupt, daß das Aych=
thal etwas kältere Luft und kältere Nebel habe als das Neckar=
thal: Weil aber jedoch hiesige Felder meistens nach der Mittags=
seite gegen der Sonne zu abhängig sind, so geht auch der Schnee
unmittelbar nach dem Schnee des Neckarthals, bälder als in
Schlaitdorf, Wolfschlugen, Hardhausen, und einigen Or=
ten der Filder; wie es auch hier immer um etliche Tage früher
Erndte ist als dorten, eben soviel späther aber, als im Neckar=
thal.   Die allergefährlichste Gewitter bekommt Grözingen
über den Uhlberg, zwischen Aych und Bonlanden herein, auch
stossen mehrere manchmal in dem hiesigen Thale zusammen. Das
hohe Wolfschlugen siehet nicht viele Donnerwetter bey sich aus=
brechen; diese wenige aber gehen selten ohne Schaden vorbey,
wodurch wenigstens Hanf und Flachs fast alle Jahre nothleiden.

Nach=

Nachtrag zu obiger Beschreibung der Sontheimer Erdhöhle S. 18. ff.

Eine neuere Nachricht liefert noch folgende Zusätze. Der Eingang in dieselbe hat die Gestalt eines Kellerthors mit einer grossen Kellerstiege. Alsdann zeigt sich auf einmal eine grosse, weite Höhle, die einen Tempel formirt, der mehr als 1000 Menschen fassen könnte. Hier sind mehrere Nebenhöhlen, unter denen eine von den Bauren Teufelsküche oder Backofen genannt wird. Will man nun weiter in die Höhle eindringen; so findet man links den Weg, und kann dann, nachdem man durch enge Schlupfwinkel hindurch 5 — 6 kleinere Hallen paßiert, und einen Weg von 400 Schritten gemacht hat, bis zum völligen Ende der Höhle kommen, wo die Natur einen Stein gebildet hat, der einer Glocke ähnlich ist. Dieser wird von den Bauern wirklich das Glöcklein genannt, und mit Hinschreibung ihres Namens bezeichnet. Am Pfingstmontag pflegen (besonders noch vor einigen Jahren) die ledigen Leute sämtlich in die Höhle zu gehen, darinn zu tanzen, zu essen und zu trinken. An demjenigen Ort, den sie zu ihrem Tanzboden erwählen, kann eine Menge vom feinsten Tripp gegraben werden. In dieser Höhle sollen sich ehmals viele Wilderer aufgehalten und im Stillen ihr geraubtes Wildprett vertheilt und verzehrt haben. (Bl. Schw. Ch. 1791. S. 65.)

Druck-

Druckfehler.

S. 63. L. 3. 7. und 14. statt Dettingen lies Dottingen.

www.ingramcontent.com/pod-product-compliance
Lightning Source LLC
Chambersburg PA
CBHW021811190326
41518CB00007B/544